Christiane Gohl

Pferdekunde

Basiswissen
rund ums Pferd

KOSMOS

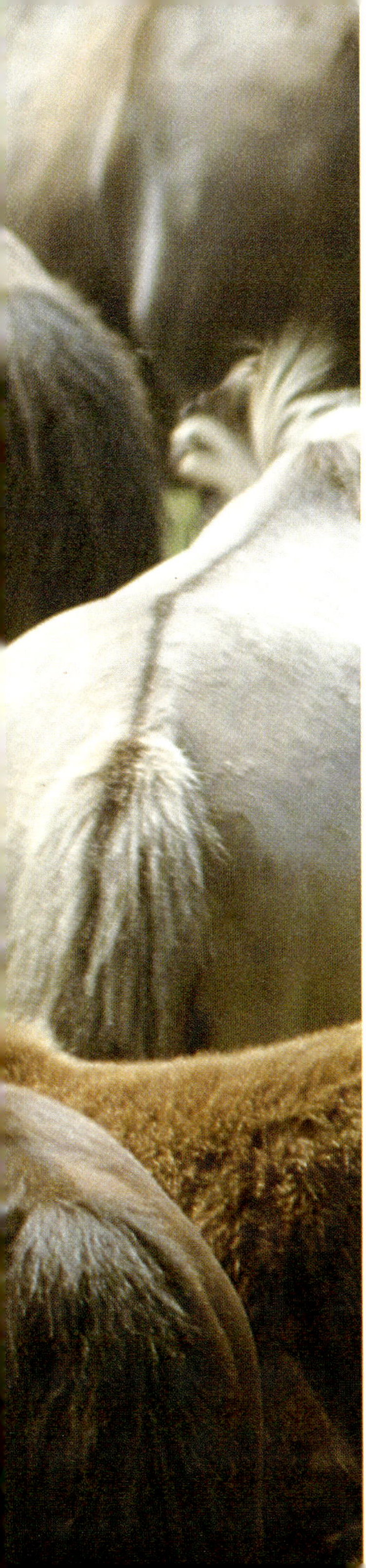

Pferde
richtig halten

Viele natürlichen Eigenschaften, Ängste und Gefühle des Pferdes machen es zum idealen Partner des Menschen. Sein Herdentrieb erleichtert ihm die Unterordnung unter den Willen des Reiters, seine Friedfertigkeit und Kooperationsbereitschaft machen es dem Menschen leicht, ein Jungpferd zur willigen Mitarbeit zu überreden.

In den Erbanlagen des Pferdes sind aber auch Verhaltensweisen verankert, die uns weniger in den Plan passen. Die natürliche Vorsicht des Fluchttieres zum Beispiel, die bei impulsiven Pferden zum Scheuen und Durchgehen führen kann, während kaltblütigere Vierbeiner in vermeintlichen Gefahrensituationen auf stur schalten.

All das können wir grundsätzlich nicht ändern, wir können nur lernen, damit umzugehen, das Pferd besser zu verstehen und unser gemeinsames Leben auf eine für beide Teile harmonische Basis zu stellen.

Grundlage all dessen ist eine Haltungsform, die der Natur und den Bedürfnissen des Pferdes entgegenkommt. Sie nützt letztlich auch dem Menschen, denn nur ein zufriedenes Pferd ist uns ein guter und zuverlässiger Reitpartner.

Das Wesen des Pferdes begreifen

▶ Geborgenheit in der Herde

Wenn es etwas gibt, was Menschen und Pferde gemeinsam haben, so ist es der Wunsch nach Geselligkeit. Weder Mensch noch Pferd mag auf die Dauer allein sein – Isolation wird von beiden als quälend empfunden und führt zu seelischen und körperlichen Leiden.

Nun ist das menschliche Bedürfnis nach Kommunikation und Gedankenaustausch dem Herdentrieb des Pferdes natürlich nicht vollständig gleichzusetzen. Ihre Ursprünge sind jedoch dieselben. Wie das Fluchttier Pferd war auch der Urmensch vielen Bedrohungen durch eine feindliche Umwelt ausgesetzt. Ein Mensch allein konnte schnell Opfer von Raubtieren werden. In der Gruppe dagegen fand er Schutz und fühlte sich sicher: Wenn ein Gruppenmitglied wachte, konnten die anderen ruhig schlafen. Dieses Gefühl der vermehrten Sicherheit in der Gruppe, das für den modernen Menschen nur noch am Rande eine Rolle spielt, bestimmt heute noch das Denken und Fühlen eines jeden Pferdes. Ein Pferd, das allein gehalten wird, empfindet nicht einfach nur Langeweile, sondern leidet an einem unerfüllten Grundbedürfnis. Es kann sich nur geborgen fühlen, wenn es mindestens einen Gefährten hat, der die grundlegenden Wachaufgaben mit ihm teilt. Wer Pferde hält, kann das jede Nacht beobachten: Nur selten legen sich alle Tiere gleichzeitig zum Schlafen nieder. In der Regel bleibt mindestens eins auf den Beinen und behält die Gegend im Auge.

Freie Pferde leben meist in kleinen Familiengruppen, die aus einem Hengst, ein bis drei Stuten und deren Fohlen bestehen. Junge Hengste werden vertrieben, sobald sie geschlechtsreif werden und sich an die Stuten heranmachen. Sie bilden dann »Junggesellengruppen«, in denen viel gespielt und gerauft wird, bis die Mitglieder erwachsen und fit genug sind, sich um eigene Stuten zu bemühen.

Entgegen der landläufigen Meinung gibt in Pferdeherden gewöhnlich eine Stute den Ton an. Der »Leithengst« ist eine

Gemeinsam mit Freunden rennen und toben ist eine Lust für jedes Pferd

Erfindung schwärmerischer Schriftsteller und Filmemacher. Tatsächlich hat der Hengst in der Gruppe mehr Schutzfunktion. Er treibt seine Stuten zusammen, wenn Gefahr droht und stellt sich auch schon mal einem Angreifer entgegen. In der Regel allerdings nur dann, wenn der Aggressor ein anderes Pferd ist. Nähert sich dagegen ein Raubtier, so entscheidet sich auch der vierbeinige Macho eher zur Flucht als zum Kampf. Und sofern es einen »geordneten Rückzug« gibt, ist dafür wieder die Leitstute verantwortlich.

Das Leben in der Gruppe hat aber noch andere Aspekte als die reine Absicherung. Da ist zum Beispiel die Unterhaltungsfunktion. In einer Pferdegruppe ist immer etwas los, die Herde bietet Bewegung und Abwechslung, Zärtlichkeit und Auseinandersetzung. Für die gemeinsame Arbeit zwischen Pferd und Mensch bedeutet das: Interessante Aufgaben und ein ausgeglichenes Verhältnis zwischen Spannung und Entspannung erhalten die Freundschaft.

Aber Vorsicht: Auch wenn das Verhältnis zwischen Mensch und Vierbeiner noch so gut ist, ganz und gar kann der Zweibeiner dem Vierbeiner die Herde nicht ersetzen. Während einer Reitstunde oder eines Ausritts genügen wir dem Pferd – und genügt das Pferd uns! – als Gesellschaft. Im sonstigen Alltag trennt uns aber mehr als uns verbindet. Ein ausgeglichenes Pferd will mit anderen Pferden zusammenleben. Wie wir das Gespräch mit menschlichen Freunden vorziehen, ziehen Pferde erst recht das gemeinsame Heufressen dem menschlichen Kontakt vor.

▶ **Die Rangordnung im Herdenverband**

Das Pferd ist ein soziales Wesen, und die Mitgliedschaft in einer Herde ist ihm ein äußerst wichtiges Anliegen. Damit ist jedoch keine extreme Harmoniesucht verbunden. Wie in Menschengruppen wird auch in der Pferdeherde gestritten und paktiert. Es gibt persönliche Freundschaften und Feindschaften, Ärger und Versöhnung. Aus all dem ergibt sich eine Rangordnung, in der jedes einzelne Pferd seinen Platz findet. Es muß sich stärkeren Tieren unterordnen, kann seinerseits aber schwächere davonjagen, wenn es darum geht, wer an das beste Futter darf oder zuerst zur Tränke geht.

Ein neues Pferd wird von einer bestehenden Herde nur selten mit offenen Armen aufgenommen. In aller Regel lehnen die Alteingesessenen es zunächst ab. Besonders das Leitpferd hält es auf Abstand, indem es den schüchternen Neuling mit angelegten Ohren und gebleckten Zähnen attackiert. Im Laufe der ersten Tage kommt es dann aber immer häufiger zu direkten Begegnungen zwischen den neuen und alten Gruppenmitgliedern. Die Tiere treten einander entgegen, beschnuppern Nase, Hals und Schulterpartie des Gegenübers und geben ihr Mißfallen durch lautes Quietschen kund. Fast immer wird dann kurz mit den Vorderbeinen nacheinander ausgeschlagen, bevor sich die beiden wieder trennen. Mitunter tritt man aber auch schon in erste »Verhandlungen« über den Rang des Neulings in der Herde: meist in Form eines Schlagabtausches mit den Hinterhufen. Das sieht gefährlicher aus, als es ist. Die Streithähne tragen selten schlimmere Verletzungen davon als ein paar Hautabschürfungen.

Über mehrere Tage hinweg etabliert sich das neue Pferd so in der Herde. Es findet Freunde, setzt sich gegenüber Schwächeren durch und merkt sich, wem es besser aus dem Weg geht. Die so aufgestellte Rangordnung muß jedoch nicht für immer gelten. Besonders selbstbewußte Pferde und Heranwachsende stellen sie immer mal wieder in Frage und erkämpfen sich einen höheren Rang. Und manchmal wird sie auch aus rein emotionalen Grün-

Zur Not ersetzen auch andere Weidetiere dem Pferd die Herde

Gemeinsames Dösen

Soziale Fellpflege
hat weniger mit
Rangordnung als mit
Sympathie zu tun

den außer Kraft gesetzt. Ein starker Wallach, der in eine freche, junge Stute vernarrt ist, läßt sie mitunter mit an die Futterkrippe, obwohl er ohne weiteres in der Lage wäre, ihr die Zähne zu zeigen.

So gesehen sind manche Reitlehren und Ausbildungsmethoden, welche die Begriffe »Rangordnung« und »Dominanz« stark in den Mittelpunkt stellen, mit Vorsicht zu betrachten.

Betrachten wir die Sache mit Rang und Dominanz und ihre Bedeutung für unseren Umgang mit dem Pferd also pragmatisch. Das Wichtigste dabei: Das Pferd muß uns respektieren. Wenn es seinem Reiter oder Führer nicht gehorcht, wird es sonst nämlich schnell gefährlich für beide Teile. Schließlich bewegen wir uns meist in dicht besiedelten Gebieten mit viel Straßenverkehr. Der Reiter sollte im Rang also über dem Pferd stehen – nicht weil er diktatorisch veranlagt ist, sondern einfach aus Sicherheitsgründen. Nun wird Rangordnung zum Glück nicht allein über Kraft ausgemacht, sondern auch über Klugheit und Geschicklichkeit. Wie schon gesagt ist die Chefin des Ganzen meist eine Stute, oft ein älteres Tier, dem viele andere kräftemäßig überlegen sind. Sie achten es jedoch aufgrund seiner Erfahrung und Intelligenz. Auf dieser Basis können auch wir als umsichtige Pferdepfleger und Reiter den Respekt unserer Schützlinge erringen, indem wir freundlich, aber energisch mit ihnen umgehen. Die Pferde werden es uns nicht übelnehmen, wenn wir sie gelegentlich mit einem Gertenklaps in ihre Schranken verweisen – und andererseits verlieren sie nicht gleich den Respekt vor uns, nur weil wir ein paar Leckerbissen verteilen. Verdrehte menschliche Logik der Sorte »Wer etwas gibt, vergibt sich etwas« ist dem Denkmuster des Pferdes fremd. Der Vierbeiner denkt eher: »Der Chef

darf alles« – und nimmt auch die »Macken« eines Ranghöheren klaglos hin. Das soll nun allerdings kein Freibrief für launische Reiter sein! Für uns gelten immer noch die Regeln von Ethik und Moral. Schließlich bilden wir uns doch so viel darauf ein, dem Pferd gegenüber der Klügere zu sein!

Weiterhin wichtig in Sachen Rangordnung: Das Pferd muß lernen, daß Rangstreitigkeiten ebenso wie Sympathiebekundungen unter Artgenossen in seine Privatsphäre gehören. Unter dem Reiter, am Führstrick oder an der Longe gibt es nur noch die Zweiergruppe Pferd und Mensch. Weder hat das Pferd nach anderen zu keilen, noch nach seinen Freunden zu wiehern oder ihnen gar hinterherzulaufen. Ein Pferd kann das durchaus lernen. In einer fremden Gruppe sollten Sie sich aber nicht grundsätzlich darauf verlassen, daß alle Mitreiter ihre Pferde damit vertraut gemacht haben. Halten Sie also in eigenem Interesse Abstand von der Hinterhand des Pferdes vor Ihnen, lassen Sie Ihr Pferd nie an anderen Pferden schnuppern, und reiten Sie nicht ohne Sicherheitsabstand an Pferdeweiden vorbei.

Achten Sie andererseits aber auch das Privatleben der Vierbeiner! Pferde müssen sich gelegentlich streiten und mit ihren Kumpanen raufen dürfen. Natürlich kann dabei in Ausnahmefällen etwas passieren. Aber wie sagt schon Erich Kästner? »Das Leben ist immer lebensgefährlich!« Also: Lassen Sie Ihren Pferden den Spaß am Leben!

Junge Hengste in spielerischem Kampf

Mit etwas Geduld
können Pferde auch
an scheuträchtige
Situationen heran-
geführt werden

► Der Fluchtinstinkt

Die Überlebensstrategie eines Pferdes beruht auf Flucht, nicht auf Angriff oder Verteidigung. Mit der Schlagkraft seiner Hufe hätte es einer Meute Raubtiere wenig entgegenzusetzen gehabt. Der einzige Vorteil der Pferdeherde ist ihr Tempo. Wenn sie verfolgt werden, erreichen die Tiere imponierende Geschwindigkeiten. Und schon ein wenige Stunden altes Fohlen hält dabei erstaunlich gut mit.

Bedingung für eine erfolgreiche Flucht ist immer ein schneller Start. Lange Überlegung vor dem Aufbruch liegt folglich nicht im Verhaltensrepertoire des Pferdes; sehr sinnvoll aus der Sicht des Wildlings, heute aber ein erhebliches Problem für viele Reiter, deren Pferde zum Scheuen und Durchgehen neigen. In den Köpfen der Tiere spukt nach wie vor der Gedanke an Raubtiere. Den Bremsweg eines Autos können sie dagegen nicht einschätzen. So kann der Überlebensinstinkt des Pferdes in seiner modernen Umwelt zur Bedrohung werden. Stichwort zur Abhilfe ist hier »Scheutraining«. Ein guter Reiter und Ausbilder kann auch nervösen Pferden durch Verständnis und geduldige Arbeit klar machen, daß ihnen auf der Straße keine Gefahr droht. Vor einem Erschrecken – zum Beispiel vor einem plötzlich aufspringenden Hasen – ist aber auch das gelassenste Pferd nicht gefeit. Je nach Schulung und Persönlichkeit wird es darauf mit einem kleinen Seitensprung oder kopflosem Durchgehen reagieren. Ängstliche und unsichere Reiter sollten sich darüber schon bei der Entscheidung für Rasse und Alter ihres zukünftigen Reitpferdes klar werden. Ältere Pferde reagieren meist gelassener als jüngere, und die Vertreter von Robustrassen sind oft nicht so erregbar wie ein hochblütiges Pferd.

SCHEUTRAINING Im Rahmen eines Scheutrainings lernen junge Pferde, auf ungewohnte Situationen nicht mit Angst, sondern mit Interesse zu reagieren. Sie werden dazu mit bunten Plastikplanen, aufgespannten Regenschirmen und schwankendem Untergrund wie etwa Wippen oder Brücken vertraut gemacht, später natürlich auch mit Autos und Straßenverkehr. Das alles geschieht zunächst an der Hand und ist immer mit viel Zuspruch und vielen Belohnungen verbunden. Zum Scheutraining gehört auch die Arbeit über Bodenhindernisse, die dem Pferd ein besseres Körperbewußtsein vermittelt. Es muß, salopp gesagt, entdecken, wo es anfängt und wo es aufhört – nicht einfach für ein Lebewesen, das sich niemals ganz im Spiegel betrachten kann! Körperbewußte Pferde sind geschickter, stoßen seltener irgendwo an und erschrecken entsprechend weniger häufig. Wichtig ist hier auch die Gewöhnung an Berührungen am ganzen Körper. Man streicht das Pferd mit der Hand, mit einer Gerte, mit Tüchern und Plastikfolien ab. Im Ernstfall wird es dann nicht gleich fortlaufen, nur weil beim Ausritt ein Ast abbricht und auf seine Kruppe fällt.

▶ Die Körpersprache

Pferde verständigen sich nur in geringem Maße durch Laute. Ihr Wiehern entspricht unserem Rufen, und es wird lediglich dann angewandt, wenn ein Pferd sich über weitere Entfernungen verständigen will. Häufiger als Wiehern hört man ein Quietschen, das oft mit Rangeleien verbunden ist, aber auch in den Bereich sexueller Annäherung gehört. Der »Pferde-Sprachwissenschaftler« Henry Blake übersetzt es mit den Worten: »Geh weg, Hengst, wir sind lauter anständige Mädchen!«

Im Zweifelsfall suchen Pferde immer ihr Heil in der Flucht

Pferdemütter rufen ihre Fohlen mit sanftem Blubbern, einem Laut, den sehr menschenbezogene Pferde auch oft zur Begrüßung ihrer Besitzer ausstoßen.

Auch ohne ständige Lautäußerungen findet in einer Pferdegruppe eine recht komplexe Kommunikation statt. Schon um die Rangordnung auszumachen, ist schließlich Verständigung nötig. All das läuft in der Pferdegruppe über Gesten, die sogenannte Körpersprache. Wichtigstes Mittel dazu ist das Ohrenspiel. Aber auch die Mimik des Pferdes, das Zuwenden verschiedener Körperteile sowie Berührungen spielen eine Rolle. Die meisten dieser Bewegungen sind für den menschlichen Beobachter recht leicht zu entschlüsseln. Eine freundliche Annäherung zwischen zwei Pferden erfolgt zum Beispiel von vorn seitwärts. Man geht auf die Schulter des Partners zu und signalisiert ihm damit: »Bleib stehen, ich möchte etwas von dir!« Kommt das andere Pferd jedoch von hinten, so befindet es sich in einer treibenden, also eher aggressiven Position. Der Partner kann darauf reagieren, indem er weg-

»Komm mir bloß nicht zu nahe!« Wenn ein Pferd die Ohren anlegt, ist nicht mit ihm zu spaßen

»Tu mir nichts, ich bin
noch klein!«
Diese Maulbewegungen
des Fohlens signalisieren
Unterlegenheit

geht, aber er kann auch drohend ein Hinterbein aufstellen: »Über-
leg dir, ob du mir wirklich zu nahe kommen willst!«

In den letzten Jahren wurde diese Gestensprache der Pferde bis in Einzelheiten analysiert. Das geschah aus der Überlegung
heraus, sie genauer nachzuvollziehen und damit zu einer besseren Verständigung zwischen Pferd und Mensch zu gelangen. Besonders bei der Grunderziehung von Pferden, die ihr bisheriges
Leben in freier Wildbahn verbrachten, erzielten Pferdekenner damit spektakuläre Erfolge. Allerdings: Für eher unsportliche Menschen ist es nicht einfach, die Gesten der Pferde perfekt nachzu-
ahmen. Außerdem ist die Annäherung über Körpersprache keine
so sichere Sache, wie manche Ausbilder es vertreten. Versuche in
diese Richtung können sich bei unterschiedlichen Pferden auch
ganz verschieden auswirken. Selbst wenn Sie Ihr Pferd noch so
höflich in seiner Muttersprache um etwas bitten: Es kann nein sagen! Und dann braucht es einiges an Erfahrung und auch Durch-
setzungsvermögen, um richtig zu reagieren.

▶ Die Sinne des Pferdes

Die Sinne des Fluchttieres Pferd arbeiten in vieler Hinsicht anders als die des Menschen. Sie sind in erster Linie auf schnelles Erkennen von Gefahr oder Entdecken von Verfolgern ausgerichtet. Dabei funktioniert ihr Zusammenspiel perfekt. Und auch im Zusammensein mit dem Menschen entgeht dem Pferd fast nichts.

Sehen

Da die Augen des Pferdes seitlich des Kopfes sitzen und nicht frontal wie bei uns, ist es uns im räumlichen Sehen unterlegen. Dafür sieht es aber mit jedem Auge ein anderes Bild, und beide ergänzen sich fast zur Rundumsicht. Nur einen kleinen Teil dieses sehr großen Gesichtsbereichs sieht das Pferd jedoch wirklich scharf. Der weitaus größere Teil des Blickfelds ermöglicht nur schemenhafte Wahrnehmung. Hauptsächlich registriert das Pferd hier Bewegungen. In der Praxis bedeutet das: Wenn ein Pferd seitlich oder schräg hinter sich etwas wahrnimmt, so muß es den Kopf heben und drehen, um genau zu erkennen, worum es sich handelt. Ob es sich die Zeit dafür nimmt oder vorsichtshalber auf »Raubtier in Angriffsposition« schließt und davonstürmt, hängt sehr davon ab, wieviel Vertrauen es in die Sicherheit seiner Umgebung setzt. Der Reiter kann das fördern, indem er einem aufgeregten Pferd den Kopf frei gibt, damit es sich umsehen kann. Zwingt er seinen Kopf dagegen durch fest angenommene Zügel oder gar durch ein Hilfszügelkorsett nach unten und begrenzt damit sein Sichtfeld, so macht er es nur nervöser. Das gilt auch und besonders beim Springen. Das Pferd muß vor dem Hindernis den Kopf heben, um den Sprung taxieren zu können. Andernfalls wird es ein für Pferd und Reiter gefährlicher Blindflug!

Die seitliche Lage der Pferdeaugen ermöglicht fast Rundumsicht

Beim Dressurreiten in richtiger Haltung verzichtet das Pferd übrigens auf einen Teil seiner Rundumsicht und gibt sich damit stark in die Hand seines Reiters. Ein solches Vertrauen muß über lange gemeinsame Arbeit aufgebaut werden. Jeder Zwang und jede Eile sind sinnlos und führen nur zu Arbeitsunlust, Muskelverspannungen und vermehrter Neigung zum Scheuen.

Hören

Fast ebenso wichtig wie der Gesichtssinn des Pferdes ist sein Gehör. Selbst wenn das Tier döst und in tiefen Träumen gefangen scheint, ist es gar nicht so einfach, sich unbemerkt anzuschleichen. Die großen Tütenohren des Pferdes wirken dabei als »Richtmikrofone«. Ihre Beweglichkeit hilft ihm, Geräusche aus allen Richtungen zu orten und zu identifizieren. Aber das Pferd nimmt Töne nicht nur über relativ weite Entfernungen wahr, es unterscheidet auch feinste Nuancen. Als Reiter kann man sich das zunutze machen, indem man viel mit ihm spricht. Die menschliche Stimme kann aufmuntern, beruhigen und tadeln – ein scharfes, lautes Wort ist oft wirksamer als ein Gertenklaps. Mitunter verrät unser Tonfall dem Pferd aber auch mehr, als uns lieb ist. Das mit dem Menschen vertraute Pferd nimmt Stimmungen wahr und weiß recht genau, wann wir einen Befehl ernst meinen und wann nicht. Auch um Zaghaftigkeit und Angst ihrer Reiter zu erkennen, brauchen Pferde keinen »Sechsten Sinn«.

Neben dem reinen Hören haben die beweglichen Ohren des Pferdes wichtige Aufgaben im Bereich der Körpersprache. Mittels Ohrenspiel gibt der Vierbeiner vor allem Stimmungen kund. Nach vorn gestellte Ohren bedeuten zum Beispiel freundliches Interesse. Verbunden mit sehr hoch erhobenem, angespanntem Hals und allgemein angespannter Muskulatur signalisieren sie allerdings auch Fluchtbereitschaft.

Flach zurückgelegte Ohren gehören zu den Drohgebärden. Legt das Pferd sie nur leicht an, so signalisieren sie schlechte Laune und dadurch vermehrte Reizbarkeit. Oft schlagen solche Pferde zusätzlich unruhig mit dem Schweif. Zeigen sie dabei aber mit angelegten Ohren auch noch die Zähne, so steht der Angriff sicher kurz bevor.

Das Pferd kann seine Ohren nach jedem Laut ausrichten

Bei sonst entspannter Körperhaltung, gelassenem Gesichtsausdruck und nur leicht nach hinten gerichteten Ohren droht allerdings keine Gefahr. Wahrscheinlich horcht das Pferd nur auf ein Geräusch hinter sich, oder es wendet seinem Reiter aufmerksam die Ohren zu.

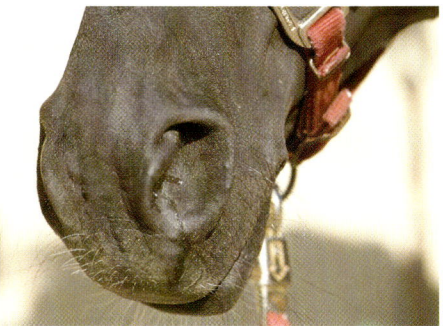

»Was läuft da hinter meinem Rücken?«   Die Tasthaare – unentbehrlich zur Orientierung

Riechen

Der Geruchssinn des Pferdes ist nicht so hoch entwickelt wie etwa der des Hundes, aber der Menschennase sind die Pferdenüstern doch weit überlegen. Kommt ein Pferd in einen neuen Stall oder Auslauf, so wird die Umgebung zunächst mit der Nase erkundet. Das Pferd nimmt zum Beispiel wahr, ob die Anlage vor ihm von einem Hengst, einer Stute oder einem Wallach bewohnt wurde. Weist ein besonders spannender Geruch zum Beispiel auf einen möglichen Sexualpartner hin, so flehmt das Pferd. Dazu kräuselt es die Nüstern und zieht die Luft mit vorgestrecktem Hals genüßlich ein. Analysiert wird der Duft dann mit Hilfe des Jacobschen Organs, einer Riechhilfe, die uns Menschen im Laufe unserer Entwicklung verloren gegangen ist.

Schmecken

Im allgemeinen mögen Pferde die Geschmacksrichtungen »sauer« und »salzig« fast genauso gern wie »süß«. Praktisch alle schätzen saure Äpfel, Silage und natürlich ihren Salzleckstein. Wie alle Individuen zeigen sie aber auch persönliche Vorlieben und Abneigungen in bezug auf bestimmte Futtermittel. Zum Beispiel schmecken nicht allen Pferden Rote Beete oder Futterrüben, während sich manche sogar für exotische Leckereien wie Bananen oder Orangen begeistern. Verlassen Sie sich also nicht auf die Lehrmeinung, Pferde lehnten Bitterstoffe grundsätzlich ab! Auch die Vorstellung, die Vierbeiner wüßten Giftpflanzen und bekömmliches Grünzeug instinktiv zu unterscheiden, gehört zumindest teilweise in den Bereich der Fabel. Selbst ein noch sehr naturverbundenes Robustpferd oder Pony kann sich irren. Zudem verlieren viele Giftpflanzen ihren unangenehmen Geschmack, sobald sie gepflückt sind. Es kommt immer wieder vor, daß Pferde an Pflanzen verenden, die ihnen von freundlichen Spaziergängern über den Zaun geworfen wurden. In frischem Zustand rühren die Tiere sie nicht an, aber wenn sie nach einigen Stunden angewelkt sind, versagt oft der Instinkt. Dies ist übrigens auch der Grund dafür, weshalb Heu grundsätzlich drei Monate abgelagert werden sollte, bevor man es verfüttert. So lange brauchen nämlich die Giftstoffe des Hahnenfuß, der auf vielen Weiden wächst und beim Mähen nicht ausgesondert werden kann, um sich zu verflüchtigen.

Tasten und Fühlen

Was den Tastsinn angeht, so bedient sich das Pferd dabei vor allem der langen Tasthaare am Kinn und am Maul. Sie helfen ihm, seine Umgebung zu erkunden und dürfen auf keinen Fall abrasiert werden.

Pferde haben eine sehr empfindliche Haut und nehmen selbst kleine Berührungen wahr. Besonders sensible, dünnhäutige Tiere lassen sich schon von einer Fliege auf dem Fell irritieren. In der Pferdeherde sind Berührungen vor allem da zu beobachten, wo zwei Pferde sich mögen. Sie kraulen einander gegenseitig das Fell, verjagen sich die Fliegen oder dösen, einer den Kopf auf die Kruppe des anderen gelegt. Auch zwischen Pferd und Reiter haben Berührungen eine wichtige soziale Funktion. So baut man den Kontakt zu einem neuen Pferd am besten dadurch auf, daß man sich einige Zeit nimmt und es intensiv putzt oder streichelt. Lassen Sie sich nicht von »Hardlinern« erzählen, das Pferd würde den Respekt vor Ihnen verlieren, wenn Sie es zu liebevoll behandeln. Beobachtungen in Pferdeherden bestätigen diese Ansicht nicht.

»Riecht das aufregend!«
Dieses Pferd flehmt

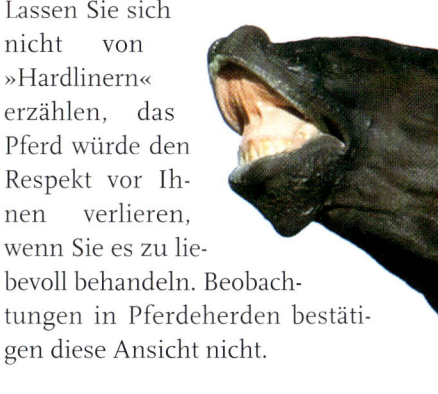

▶ Artgerechte Pferdehaltung

Pferde in dunklen Boxen oder gar angebunden in Ständern unterzubringen, mag vertretbar gewesen sein, solange die Tiere jeden Tag acht Stunden in frischer Luft arbeiteten. Das moderne Reitpferd ist jedoch kein Kriegsgerät mehr und kein »Landwirtschaftliches Nutzfahrzeug«. Es wird nicht mehr gebraucht, um Güter zu transportieren oder Menschen das Reisen zu ermöglichen. Statt dessen sprechen wir vom »Sportpartner Pferd« und von harmonischer Zusammenarbeit auf dem Springplatz und im Dressurviereck. Einen Partner hält man jedoch nicht wie einen Sklaven. Jedes Pferd sollte heute in seiner reichlich bemessenen »Freizeit« ganz »Pferd sein« dürfen. Moderne Pferdehaltung muß sich an den Bedürfnissen des Tieres orientieren, nicht am Wunsch des Menschen nach Bequemlichkeit. Das Tierschutzgesetz nennt dies »artgerechte Tierhaltung«. Die Haltungsbedingungen für ein Nutz- und Haustier sollten den Lebensbedingungen seiner Vorfahren in freier Wildbahn so weit als möglich entsprechen. Für ein Pferd bedeutet das: Gemeinschaftshaltung mit anderen Pferden, viel frische Luft, viel Bewegung.

Die Haltungsform, die diesen Bedürfnissen am nächsten kommt, ist die Haltung im Offenstall. Ein einfacher Offenstall besteht aus einem frei zugänglichen Stallraum und einem trockenen Auslauf davor. Die Pferde bewohnen ihn meist in Gruppen, aber natürlich ist auch Einzelhaltung möglich. Je nachdem, wieviel Geld der Pferdehalter investieren kann und wie viele Pferde in dem Stall untergebracht werden sollen, kann die Anlage mehr oder weniger aufwendig gestaltet werden. Komfortable Offenställe beinhalten Freßständer und Liegeplätze, befestigte Stallvor-

Pferde sind Geschöpfe der Weite. Artgerechte Tierhaltung bedeutet für sie Freiheit und frische Luft

plätze und drainierte Ausläufe sowie die Möglichkeit, kranke Tiere in Einzelboxen zu separieren.

Die Gruppenhaltung im Offenstall kommt den natürlichen Lebensbedürfnissen des Pferdes am nächsten. Die Pferde können soziale Kontakte knüpfen, eine Rangordnung ausmachen, gegenseitige Fellpflege betreiben und sich frei bewegen. Nur wenige Offenstallanlagen ermöglichen längere Galoppaden in der Gruppe. Oft müssen die Ausläufe über aufwendige Drainagetechnik trockengehalten werden, und dann beschränkt man sich meist auf die Befestigung weniger Quadratmeter. Doch schon dieses Minimum an Bewegung in frischer Luft trägt dazu bei, die Verdauung des Pferdes anzukurbeln und es gesünder zu erhalten.

Für den Reiter und Pferdehalter ist Offenstallhaltung leider mit einem erheblichen Mehraufwand an Arbeit und Organisation verbunden. So ist der Mist der Pferde hier zum Beispiel auf eine größere Fläche verteilt – wenn die Anlage nicht voll beleuchtet ist, muß das Ausmisten zudem während der Tagesstunden erfolgen. Die Pferde müssen beim Füttern oft beaufsichtigt werden, damit nicht nur das ranghöchste ans Futter kommt, während die anderen zusehen. Verschwitzte Pferde sollten nach dem Reiten eingedeckt oder eingesperrt und später wieder ausgezogen oder freigelassen werden. Wenn der Stall nicht neben der eigenen Wohnung liegt, wird das schnell zum Problem! Arbeitsteilung bei mehreren Pferdebesitzern in einer Stallanlage läßt sich mittels Stundenplan organisieren. Aber wenn jemand nicht mitspielt, gibt es schnell böses Blut. Schließlich stehen dann nicht nur die Reitpferde des Faulpelzes im Mist. Trotzdem: Die Sache lohnt sich. Offenstallpferde sind zufriedener und ausgeglichener als Boxenpferde. Beim Reiten arbeiten sie freudiger mit. Bei einigermaßen geräumigen Ausläufen entfällt auch der Zwang für den Reiter, sein Pferd jeden Tag zu bewegen. Reiter und Pferd kommen sich außerdem näher. Wer sich beim Ausmisten, Füttern und Putzen unter den Pferden bewegt und nicht ständig durch Boxenwände von ihnen getrennt ist, erlebt das Zusammensein mit den Vierbeinern intensiver.

Aufgrund all dieser Vorteile ist artgerechte Pferdehaltung eindeutig auf dem Vormarsch. Viele professionelle Stallvermieter bieten heute bereits Offenställe an, und gelegentlich finden sich auch Reitschulen, in denen die Schulpferde in Gruppen gehalten werden. Die Industrie stellt immer mehr technische Hilfsmittel zur Pflege pferdegerechter Anlagen zur Verfügung, die sich meist allerdings nur für große Ställe lohnen. In kleinen Offenstallanlagen schlägt dafür die Stunde der Tüftler: So mancher Stall ist inzwischen mit Zeitschaltuhren ausgestattet, die dafür sorgen, daß pünktlich zur Fütterungszeit Heunetze von der Decke fallen oder die Tore zur Weide geöffnet werden.

▶ Weideglück und Weidepflege

Eine Außenbox beugt Langeweile vor

Das natürliche Grundfutter für das Steppentier Pferd ist Gras. Auch Kräuter werden gern gefressen. Im Winter füttert man Pferde deshalb meist mit Heu, also getrocknetem Gras, im Sommer sollte frisches Grün die Futtergrundlage bilden. Die ideale Pferdehaltung zwischen Mai und Oktober ist insofern der Freilauf auf der Weide. Das kommt sowohl dem Freß-, als auch dem Bewegungsbedürfnis des Pferdes entgegen. Stuten mit Fohlen, Jungpferde im Wachstum, aber auch Reitpferde, die nicht übermäßig zum Dickwerden neigen, können im Sommer Tag und Nacht auf der Weide verbringen, sofern eine Schutzhütte gegen Regen und zu starke Sonneneinstrahlung zur Verfügung steht. Bei sehr leichtfuttrigen Pferden geht das allerdings nicht, denn Gras macht dick, und sein hoher Eiweißgehalt kann die Stoffwechselerkrankung Hufrehe verursachen. Deshalb wird der Weidegang bei Pferden mit Gewichts-

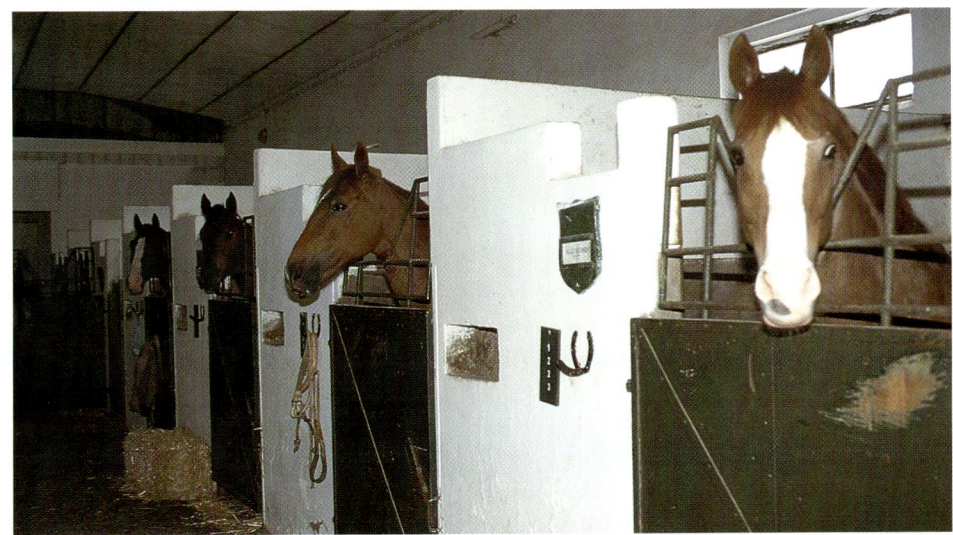

Einzelboxen sind
praktisch, aber nicht
im Sinne der Pferde

problemen besser auf einige Stunden am Tag reduziert. Sechs Stunden, gesplittet in zwei Futterzeiten à drei oder noch besser in drei Futterzeiten à zwei Stunden reichen mitunter aus. Zwischendurch sollte das Pferd dann aber Stroh zum Knabbern erhalten, ansonsten ist sein Verdauungsapparat nicht ausgelastet.

Für Reiter und Pferdehalter hat es einige Vorteile, wenn ihre Schützlinge viel Zeit auf der Weide verbringen, denn dadurch reduziert sich die Stallarbeit. Ganz so arbeitssparend, wie es auf den ersten Blick scheint, ist der sommerliche Weidegang aber nicht. Schließlich verfügen die meisten Pferdehaltungsanlagen nicht über unbeschränkt viel Grasland. Die relativ kleinen Weideflächen, die den meisten Pferden zur Verfügung stehen, müssen deshalb sorgfältig bewirtschaftet und gepflegt werden.

Das fängt damit an, daß die Grasnarbe vor zu starkem Verbiß und Zerstörung durch die Pferdehufe geschützt werden muß. Das heißt, die Pferde müssen die Weide wechseln, bevor sie das Gras bis zur Wurzel abgenagt haben. Nach starken Regenfällen, wenn der Grasnarbe Zerstörung durch galoppierende Pferdehufe auf matschigem Untergrund droht, muß die Weide vielleicht für ein paar Tage ganz gesperrt werden. Fast alle kleineren Pferdehaltungen haben ihr Weideland deshalb in mehrere Parzellen aufgeteilt, damit das Gras immer wieder Gelegenheit erhält, nach-

Stroheinstreu und besonders Sägemehleinstreu in Boxen und Offenställen bleibt länger trocken, wenn man darunter eine dünne Schicht Sand anbringt. Der Sand bewirkt eine Drainage und verhindert ein schnelles Vollsaugen der Einstreu mit Urin. Er muß bei etwa jeder dritten großen Ausmistaktion gewechselt werden.

Ein Offenstall mit großem Auslauf ist der Traum aller Pferde

zuwachsen und sich zu erholen, während die Pferde auf anderen Flächen fressen. Im allgemeinen rechnet man insgesamt mit etwa 0,5 Hektar Weidebedarf pro Pferd, aber das ist nur eine Faustregel. Leichtfutterige Pferde mit Weidezeitbegrenzung kommen mit weniger aus, bei wenig ertragreichen Weideflächen (Sandböden) muß erheblich mehr angepachtet werden. Allgemein gilt: Je kleiner die Fläche, desto aufwendiger die Pflege. Bewegen sich die Pferde nämlich auf relativ engem Raum, so besteht erheblich größere Gefahr, sich an den eigenen Exkrementen immer wieder mit Parasiten zu infizieren. Der Kot der Pferde muß also regelmäßig von der Weide entfernt werden. Am besten täglich. Das ist auch zur Begrenzung der sogenannten »Geilstellen« notwendig. »Geilstellen« nennt man die Wiesenbereiche, auf denen die Pferde Kot absetzen. Das Pferd teilt seine Weide nämlich in Freß- und Mistbereiche auf. Letztere werden ungern und nur geringfügig abgefressen, weshalb dort vor allem stickstoffliebende Pflanzen wie etwa der Hahnenfuß üppig gedeihen und kräftig aussamen. Mäht man die Geilstellen nicht regelmäßig ab, so nehmen sie überhand. Zur Einebnung der Maulwurfshaufen müssen die Wiesen im Frühjahr abgeschleppt und eventuell gewalzt werden. Am besten bittet man einen Landwirt, diese Arbeiten kurz vor Beginn der Vegetationsperiode zu erledigen. Vielleicht übernimmt er dabei auch gleich die Düngung der Weide. Dazu ist Kompost natürlich ideal, aber nicht jeder

Pferdehalter hat Lust, selbst einen Komposthaufen anzulegen und zu pflegen. In diesem Fall empfiehlt sich sparsame Verwendung von Volldünger. Die Anlage eines Misthaufens ist überhaupt ein Problem für sich. Hier bestehen strenge Auflagen von Seiten der Umweltämter zum Schutz des Grundwassers, und ein Verstoß dagegen wird mit hohen Geldstrafen geahndet. Es empfiehlt sich also, sich vor Anlage eines Komposthaufens bei den Landwirtschaftskammern oder -ämtern genau über die regional geltenden Bestimmungen zu informieren.

Bei der Einzäunung einer Pferdeweide ist vor allem auf Sicherheit zu achten. Stacheldrahtzäune und Knotengitter verbieten sich

In der Mittagshitze bietet der Offenstall Schatten

Im Sommer gehört
jedes Pferd auf die
Weide

aus Gründen der Verletzungsgefahr, reine Holzzäune müssen
schon sehr robust gestaltet sein, um Scheuern oder Versuchen,
unter dem Zaun durchzufressen, auf Dauer standzuhalten. Am
besten bewährt haben sich Elektrozaunsysteme. Rund um die
Weide installiert man den E-Zaun am besten fest, wobei breite,
gut sichtbare Elektrobänder die sicherste Begrenzung darstellen.
Die Einzelparzellen innerhalb der Weide trennt man am besten
mittels versetzbarer Elektrozaunstangen und schmaleren Bändern
ab. Sie können leicht entfernt werden, wenn zum Beispiel der
Bauer mit dem Trecker zur Weidepflege anrückt.

Natürlich muß auf der Weide, ebenso wie im Stall, ständig
sauberes Trinkwasser für die Pferde zur Verfügung stehen. Stellen Sie also möglichst schon beim Anpachten einer Weide fest,
ob und wo Sie in der Nähe Wasser holen können, ob vielleicht ein
Landwirt einen Wasserwagen zur Verfügung stellt oder eine natürliche Wasserquelle vorhanden ist. Das Trinkwasser mittels Kani-
stern im Auto auf die Weide zu fahren, ist ein aufwendiges Un-
terfangen. An heißen Tagen konsumiert ein Großpferd mitunter
über 60 Liter Wasser!

▶ Die Fütterung

Das Pferd ist ein sogenannter »Dauerfresser«. Sein gesamter Verdauungsapparat ist darauf eingerichtet, ständig kleine Futtermengen zu verarbeiten. Das hat wiederum mit der Evolution des Weide- und Fluchttieres »Pferd« zu tun. Anhaltende Fluchtbereitschaft verträgt sich nicht mit der Trägheit nach einer reichhaltigen Mahlzeit. Lange Ruhezeiten zur Verdauung wären gefährlich. Das freilebende Pferd bewegt sich deshalb den ganzen Tag, meist langsam, von einem Grasbüschel zum anderen. Das Futter wird gut gekaut und wandert durch einen engen Schlund in einen sehr kleinen Magen. Die Hauptverdauungsarbeit leistet ein mehrere Kilometer langer Darm, dessen Funktion äußerst störanfällig ist. Nimmt das Pferd zuviel Futter auf einmal auf, so kann es sich im Darm stauen und gären. Kommt plötzlich ungewohntes Futter auf den Darm zu, so sterben die Darmbakterien ab, und das führt ebenfalls zu Bauchschmerzen. All diese Probleme werden unter dem Sammelbegriff »Kolik« zusammengefaßt,

▶ Schattenspender auf der Weide

Romantische Pferdehalter träumen gern von einer Weide unter Apfelbäumen, eine Idee, von der auch Pferde viel halten – Äpfel schmecken schließlich gut. Der Gesundheit der Tiere ist die Sache allerdings nicht so zuträglich, denn das Naschen an unreifen Äpfeln kann leicht zu Koliken führen. Bessere Schattenspender auf der Weide sind deshalb Walnußbäume. Sie wachsen schnell, werden ungern benagt und sind vor allem nicht giftig.

Wenn Pferde Bäume benagen, so kann das auf Vitaminmangel zurückzuführen sein, aber meist handelt es sich einfach um eine schlechte Angewohnheit. Man kann dem abhelfen, indem man die Stämme in regelmäßigen Abständen mit Huffett oder Holzteer einpinselt. Das verdirbt den Pferden den Appetit und versiegelt auch kleine »Bißwunden« an den Bäumen.

Wer statt Bäumen lieber Hecken setzt, findet in der schnellwüchsigen Holunderhecke die beste Lösung. Sie spendet nicht nur Schatten, sondern hat auch auf Stechinsekten abschreckende Wirkung.

der uns beim Thema Krankheiten noch ausführlicher beschäftigen wird.

Vorerst ist es wichtig zu wissen, daß Pferde nicht darauf eingerichtet sind, ihren Nährstoffbedarf mit zwei oder drei großen Mahlzeiten am Tag zu decken. Um gesund zu bleiben, müssen sie regelmäßig kleine Futtermengen zu sich nehmen. Ansonsten gliedert man die Speisekarte des Pferdes in Rauhfutter, Saftfutter und Kraftfutter. Die Vitamin- und Mineralstoffversorgung der Vierbeiner wird von den meisten Pferdehaltern durch ein Zusatzfutter sichergestellt.

SAFTFUTTER Im Sommer deckt frisches Gras und Weidegang die Saftfutterversorgung des Pferdes optimal. Im Winter, sowie bei Pferden, die ganzjährig in der Box oder in Ausläufen gehalten werden, füttert man Möhren, Gelbe Rüben, Futterrüben, Rote Beete oder Äpfel zu.

RAUHFUTTER Rauhfutter, d.h. Futter mit hohem Rohfaseranteil, bietet im Winter die Futtergrundlage des Pferdes. Das wichtigste Rauhfutter ist Heu. Dazu kommt, besonders bei leichtfuttrigen Pferden, die vom Heu schnell dick werden, hochwertiges Futterstroh. Meist werden Weizen- oder Haferstroh verfüttert.

Lebhaft und gesund durch die richtige Fütterung

Beim Heukauf ist sehr auf Qualität zu achten. Gutes Heu riecht angenehm, fast ein bißchen wie Tee, und ist von grüner Farbe. Idealerweise kommt es von artenreichen Wiesen und ist nach der Grasblüte geschnitten. Ansonsten enthält es nämlich oft zu viele Staubpartikel, die insbesondere von sogenannten Heuallergikern schlecht vertragen werden. Hustet ein Pferd bei und nach der Heufütterung, so sollte man sein Heu vor der Fütterung gut durchfeuchten, um die Staubpartikel zu binden. Etwas Salz im Wasser verbessert dabei den Geschmack und die Verträglichkeit. Eventuell kann man auch auf Silagefütterung oder einen anderen Heuersatz ausweichen. So werden zum Beispiel von Futtermittelfirmen »Heu Cobs« oder Alfalfa-Pellets angeboten, die eine staubfreie Fütterung möglich machen. Zum Teil müssen aber auch sie vor dem Füttern angefeuchtet werden. Jeder Heuersatz ist allerdings nur in Verbindung mit Strohfütterung empfehlenswert. Allein gegeben reicht die Futtermenge hier nicht, den Darm des Pferdes ausreichend zu beschäftigen, und die Kolikgefahr steigt.

Bekömmliche Leckerbissen

KRAFTFUTTER Unter Kraftfutter versteht man Hafer oder fertige Futtermischungen mit relativ hohem Eiweißgehalt. Damit wird die Energieversorgung

Tips zum Füttern

▶ Mehrere kleine Mahlzeiten sind immer besser verträglich als wenige große.

▶ Jedes Pferd braucht Ruhe zum Fressen. Offenstallpferde also besser anbinden oder in Freßständern separieren!

▶ Futterumstellungen grundsätzlich langsam, über mehrere Tage verteilt, vornehmen.

▶ Etwas Öl (Olivenöl, Leinöl, Lebertran) ins Futter fördert die Verdauung und verbessert die Aufnahme von Vitaminen.

▶ Leinsamen (pro Pferd etwa 100 Gramm 20 Minuten in 1 l Wasser gekocht, 2 x wöchentlich verabreicht) wirkt verdauungsregelnd und sorgt für ein schönes Fell.

des Reit- und Arbeitspferdes sichergestellt. Kraftfutter wird nur dann benötigt, wenn das Pferd wirklich etwas tut oder wenn sein Energiebedarf an anderen Gründen wie etwa Trächtigkeit oder Krankheit erhöht ist. Besonders in konventionellen Reitställen wird oft zuviel Kraftfutter gegeben. Das führt dann zu einem vermehrten Bewegungsbedürfnis der Pferde, das die Tiere aber infolge der Boxenhaltung nicht ausleben können. Verständlicherweise nutzen sie dann die Reitstunde, um dem aufgestauten »Stallmut« Luft zu machen, und bringen ihre Reiter durch Buckeln und Durchgehen in Bedrängnis.

Auch Schnittgras gehört in den Bereich »Saftfutter«

ZUSATZFUTTER Die meisten Reiter füttern zusätzlich zum Grundfutter ein Vitamin- und Mineralstoffpräparat. Damit sichern sie die Versorgung mit den wichtigsten Spurenelementen in der richtigen Zusammensetzung. Sowohl auf der Weide als auch im Stall sollte zudem ständig ein Salzleckstein oder Mineralleckstein zur Verfügung stehen.

Als Belohnungsfutter kommen die praktischen – da nicht schmierenden oder bröselnden – Leckerlis aus dem Reitsportgeschäft in Frage, aber auch hartes Brot, Äpfel oder Möhren. Wenig bekannt ist Johannesbrot aus dem Reformhaus oder im Urlaub in südlichen Gefilden vom Baum gepflückt. Die meisten Pferde nehmen es gern, es ist gesund und leicht in taschengerechte Stücke zu brechen. Zuckerstückchen verbieten sich dagegen aus Gründen der Kariesgefahr!

RATIONSPLANUNG Pferdefütterung ist ein umfassendes Thema, für das es neuerdings sogar Computerprogramme gibt. Die Aufstellung des richtigen Futterplans für das eigene Pferd muß aber immer individuell abgestimmt werden. Nicht zu Unrecht sagt ein altes Sprichwort »Das Auge des Herrn macht das Pferd fett«. Betrachten Sie also kritisch Ihr Pferd und fahren Sie vor allem einmal mit der Hand über seinen Rippenbereich. Können Sie die Rippen fühlen, aber nicht sehen, so ist das Tier weder zu dick noch zu dünn. Weiterhin wichtig ist die Fellqualität. Wenn das Fell glänzt und sich das Pferd auch in seinem Gesamtverhalten lebhaft und gesund zeigt, ist die Vitamin- und Mineralstoffversorgung mit ziemlicher Sicherheit in Ordnung.

▶ Krankheiten erkennen und behandeln

Artgerechte Haltung, wie bisher beschrieben, bietet die beste Grundlage, ein Pferd gesund zu halten. Hundertprozentige Sicherheit gibt es dabei jedoch nicht. Jeder Pferdebesitzer muß mit gelegentlichen Krankheiten – und damit Tierarztkosten! – rechnen. Letztere fallen meist nicht so hoch aus, wenn man den Arzt rechtzeitig hinzuzieht, bevor der Zustand des Pferdes wirklich schlimm wird. Als Reiter sollten Sie deshalb mit den wichtigsten Krankheitssymptomen vertraut sein und auch mal Erste Hilfe leisten können.

Ein gesundes Pferd erkennt man an seinem glänzenden Fell, wachen Augen, lebhaftem Ohrenspiel und vor allem gutem Appetit. Wenn der »Dauerfresser« Pferd einen Leckerbissen ablehnt, stimmt fast immer etwas nicht. Andere Gründe zur Besorgnis sind Teilnahmslosigkeit und auffallende Müdigkeit sowie außergewöhnliche Unruhe. Um dem Tierarzt gleich am Telefon genauere Auskünfte geben zu können, sollten Sie im Verdachtsfall folgende Untersuchungen vornehmen.

Hafer ist traditionell das beliebteste Kraftfutter

Atem und Puls messen

Ein Pferd in Ruhe atmet gewöhnlich etwa 8 – 16mal in der Minute. Sie können die Atemzüge zählen, indem Sie die Bewegungen der Flanken beobachten

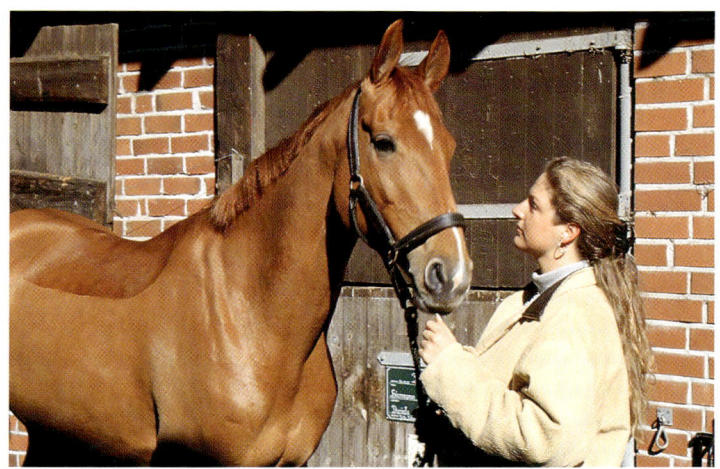

Gesunde Pferde haben glänzendes Fell und einen wachen Blick

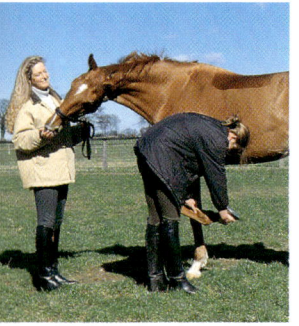

Untersuchung der Beine und Hufe

oder dem Pferd die flache Hand vor die Nüstern halten, um den Luftzug beim Ausatmen zu spüren.

Den Puls erfühlt man mit Zeige- und Mittelfinger an der Unterseite der Kinnpartie des Pferdes. Der Ruhepuls liegt normalerweise bei 28 – 48 Schlägen in der Minute. Am besten üben Sie die Messungen gelegentlich beim gesunden Pferd. Es ist auch immer gut zu wissen, wo die individuellen Ruhewerte des eigenen Pferdes liegen.

Fiebermessen

Die Normaltemperatur eines erwachsenen Pferdes liegt zwischen 37,5 und 38,2 Grad Celsius. Bis 39 Grad spricht man von leicht erhöhter Temperatur, danach von Fieber. Sie messen die Temperatur Ihres Pferdes im After mit einem gewöhnlichen, zwecks leichterem Einführen angefeuchteten oder eingefetteten Thermometer. Aber Vorsicht: Nicht jedes Pferd läßt diese Prozedur widerstandslos über sich ergehen! Achten Sie also darauf, neben und nicht hinter dem Pferd zu stehen, wenn Sie das Thermometer einführen. Sie können einem Hineinrutschen in den Darm vorbeugen, indem Sie das Thermometer während des Messens festhalten, oder Sie versehen das Stallthermometer mit einem etwa 40 cm langen Bändchen, an dessen anderem Ende eine Wäscheklammer befestigt wird. Während des Fiebermessens steckt man diese am Schweif fest und sichert das Thermometer damit.

Gewöhnlicher
Goldregen

Eibe

Gefleckter
Schierling

Tollkirsche

Schöllkraut

Schwarzes
Bilsenkraut

Herbstzeitlose

Checkliste Stallapotheke

- Fieberthermometer
- Schere
- Evt. Nasenbremse (Der Tierarzt hat immer eine dabei, aber es ist hygienischer, eine eigene zu verwenden)
- Desinfektionsspray für kleine Wunden (Blauspray)
- Rivanol für Angußverbände
- Wundsalbe
- Kühlende »Sportsalbe« bzw. essigsaure Tonerde, Retterspitz o. ä. zur Ersten Hilfe bei Schwellungen
- Augensalbe oder -tropfen gegen Bindehautentzündung (Verfallsdaten genau beachten!)
- Breite Mullbandagen
- Elastische, selbstklebende Bandagen
- Sterile Wundauflagen
- Breite Watterollen zum Abpolstern von Verbänden
- Wollbandagen
- Evt. homöopathische Mittel zur Vorbeugung und Unterstützung der Heilung bei Infektionen (Echinacea) oder Lahmheiten und Verletzungen (Traumeel)

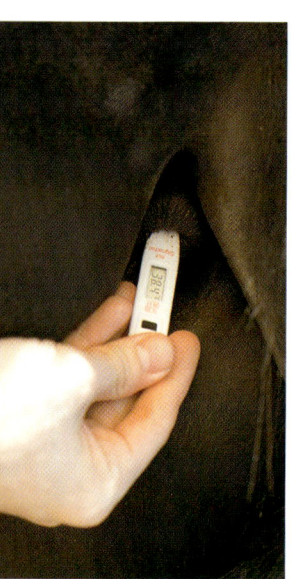

Fiebermessen geht am schnellsten mit einem digitalen Fieberthermometer

Rund und gesund – Pferdeäpfel, wie sie sein sollen

Koliken erkennen

Wie schon gesagt, gehört der Darm des Pferdes zu seinen anfälligsten Organen. Es gibt kaum ein Pferd, das nicht gelegentlich an Kolik erkrankt, egal, wie sorgfältig man die Fütterung handhabt. Der Verdacht auf Kolik besteht immer dann, wenn das Pferd sein Futter ablehnt, unruhig ist, mit den Hufen scharrt und sich immer wieder hinlegt und wälzt. Aber auch auffallend ruhiges Stehen in Streckstellung oder langes Liegen zu ungewöhnlichen Tageszeiten (zum Beispiel zur Futterzeit oder während des Ausmistens) kann auf Bauchschmerzen hindeuten. Solche stillen Koliken sind besonders häufig bei nordischen Ponys und Kaltblütern zu beobachten, aber sie können auch bei hochblütigen und sonst hoch temperamentvollen Pferden auftreten. Ob ein Pferd dazu neigt, weiß man erst, wenn es eine hatte. Bei dem geringsten Verdacht, daß etwas nicht stimmt, sollten Sie das Pferd deshalb zum Aufstehen bewegen und Ihr Ohr an seinen Unterbauch legen. Auf der linken Seite müßten in Abständen von wenigen Sekunden gurgelnde Geräusche zu hören sein, rechts erfolgt etwa einmal pro Minute ein lautes Gluckern, das Blinddarmgeräusch. Bleiben diese Geräusche aus, bzw. sind sie stark vermindert oder deutlich verstärkt, hat das Pferd sicher eine Kolik. Sie muß unbedingt vom Tierarzt behandelt werden. Bis er eintrifft, können Sie dem Pferd den Bauch und die Ohren massieren. Hier liegen Akupressurpunkte, die Entspannung bewirken und damit Bauchschmerzen lindern können. Manchmal bessert sich die Kolik auch, wenn das Pferd etwas herumgeführt wird, um den Darm in Bewegung zu bringen.

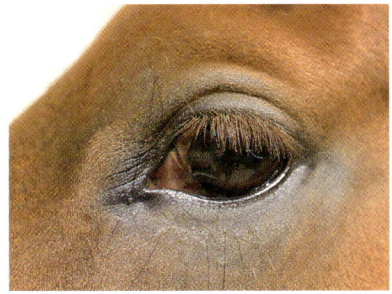

Das Pferdeauge darf nicht verklebt sein

Vorsicht Husten!

Husten und Nasenausfluß, schweres Atmen und allgemeine Mattigkeit deuten auf eine Erkrankung der Atemwege hin. Sie ist immer ernst zu nehmen, denn sie kann schnell chronisch werden und das Pferd dann dauerhaft schädigen. Früh erkannte Infektionen können meist gut durch den Tierarzt behandelt werden und heilen rasch ab. Besonders Stallpferde leben gefährlich, denn die meisten Stallgebäude sind zu warm, die Luftfeuchtigkeit ist zu hoch, und die aus der benutzten Einstreu aufsteigenden Ammoniakdämpfe greifen zusätzlich die Lungen an. Ein zum Husten neigendes Pferd sollte deshalb grundsätzlich im Offenstall oder zumindest in einer Außenbox untergebracht werden. Gegen schlechtes Wetter schützt man es besser mit einer dicken Decke als durch die Unterbringung im stickigen Stall.

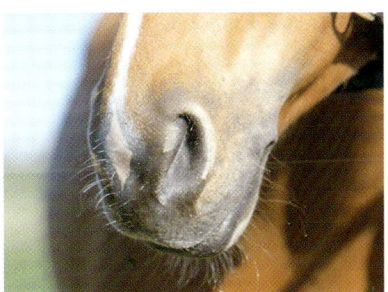

Auch saubere Nüstern sind ein Beweis für Gesundheit

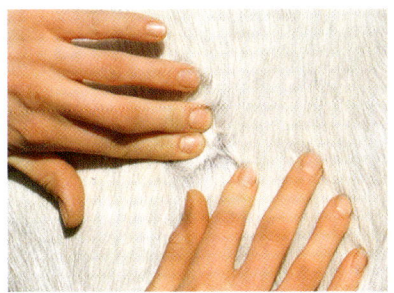

Gesundes Fell liegt am Körper an und ist frei von Ungeziefer

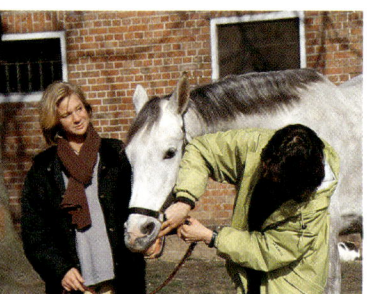

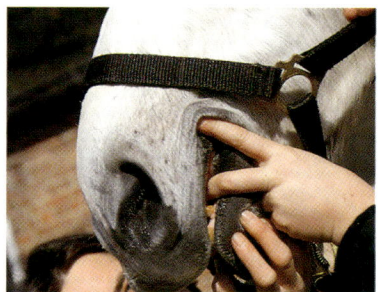

So gibt man Wurmkuren ein:

Im Maulwinkelbereich hat das Pferd eine zahnlose Stelle, die Laden

Dort den Einwegdosierer einführen und die Wurmkur auf die Zunge drücken

Verletzungen

In jede Stallapotheke gehört ein Desinfektionsspray für frische, oberflächliche Wunden. Die weitere Behandlung erfolgt dann mit einer Wundsalbe aus der Apotheke.

Liegt die Wunde an einem Pferdebein, so muß man ihr besondere Aufmerksamkeit schenken, denn dabei kommt es leicht zu einem gefährlichen »Einschuß«, einer Unterhautentzündung. Hier unterstützt man die Heilung durch feuchte Umschläge, die mit einem leichten Desinfektionsmittel getränkt werden.

Schnittwunden und Rißwunden, besonders im Gesicht des Pferdes, sollten besser genäht werden, sonst bleiben häßliche Narben. Rufen Sie den Tierarzt möglichst schnell und desinfizieren Sie die Wunde nicht vor seinem Eintreffen.

Wenn eine Wunde stark blutet, heißt es kühlen Kopf bewahren! Ein Pferdekörper enthält 50 Liter Blut und mehr – das Pferd kann einen ganzen Eimer davon verlieren, ohne daß es kritisch wird! Natürlich werden Sie bei starken Blutungen den Tierarzt rufen, aber Sie brauchen nicht in Panik zu geraten. Bei arteriellen Blutungen ist es natürlich gut, wenn jemand eine Aderkompresse anlegen kann. Lassen Sie sich das am besten mal vom Tierarzt zeigen oder besuchen Sie einen Erste-Hilfe-Kurs für Pferdehalter, wenn sich die Gelegenheit dazu bietet.

Lahmheiten

Die Ursache einer Lahmheit herauszufinden, ist nicht immer einfach, auch das Erkennen, auf welchem Fuß das Pferd lahmt. Üben Sie sich also so oft es geht in Lahmheitsdiagnosen. Dazu lassen

Schon passiert! Das Pferd muß jetzt nur noch abschlucken

Sie sich das Pferd vortraben. Erst von Ihnen weg, dann auf Sie zu. Der Vorführer sollte das Pferd weder vorwärtszerren noch mühsam am Wegstürmen hindern müssen. Typisch für eine Lahmheit auf der Vorhand ist ein »Nicken« des Kopfes. Das Pferd senkt den Kopf, wenn es mit dem gesunden Fuß auftritt und hebt ihn wieder, wenn der kranke an der Reihe ist. Zu erklären ist das mit dem Versuch, das Gewicht auf das gesunde Bein zu stützen und dieses Bein möglichst lange am Boden zu lassen, während das kranke entlastet wird. Bei Lahmheiten der Hinterhand ist ein ähnliches Auf- und Niederwippen der Kruppe zu beobachten.

Krankheiten vorbeugen

▶ **IMPFUNGEN:** Jedes Pferd sollte gegen Grippe und Tetanus geimpft sein. In tollwutgefährdeten Gebieten ist zudem eine Tollwutimpfung notwendig. Weitere Impfmöglichkeiten gibt es gegen Herpesinfektionen und ansteckendes Verfohlen.

▶ **WURMKUREN:** Wurmeier und Larven im Stall und auf der Weide lassen sich nicht vermeiden. Insofern sind mindestens drei, besser vier Wurmkuren im Jahr unerläßlich. Mittels Einwegdosierer ist die Sache in wenigen Sekunden erledigt.

▶ **ANSTECKUNGSGEFAHR REDUZIEREN:** Lassen Sie Ihr Pferd möglichst nicht an fremden Pferden schnuppern, nicht aus fremden Eimern fressen oder trinken, und bemühen Sie sich auf Schauen und Turnieren, streichelnde Menschen fernzuhalten, die ungewollt Keime übertragen. Vorbeugende Gaben von Echinacea (30 Tropfen 3 x täglich) oder Lachesis stärken die Abwehrkräfte.

▶ **KOLIK VORBEUGEN:** Neigt das Pferd zu Koliken, so kann man mit regelmäßigen Gaben spezieller Hefekulturen vorbeugen. Der Tierarzt wird Ihnen ein Präparat empfehlen. Auch 2 x wöchentliche Zufütterung von gekochtem Leinsamen mit etwas Weizenkleie pflegt den Darm.

Welches Pferd für welchen Zweck?

»Mein Pferd, ein Pferd, ein Königreich für ein Pferd!« rief Richard III. Allerdings: Irgendein beliebiges Pferd hätte dem bedrängten König wohl auch nicht weitergeholfen. Vermutlich wären seine Probleme weder durch ein kleines Shetlandpony noch durch ein behäbiges Kaltblut zu lösen gewesen. Denn Pferd ist nicht gleich Pferd. In Sachen Größe und Eigenschaften gibt es erhebliche Unterschiede zwischen den verschiedenen Rassen, und auch innerhalb einer Rasse ist durchaus nicht jedes Pferd gleich. Bevor man sich also für einen Pferdekauf entschließt, lohnt sich die Information über Pferdetypen und Rassen, Großpferde und Ponys, Vollblüter und Robuste. Und noch ein wichtiger Tip: Fragen Sie sich bei der Entscheidung für ein Pferd nicht nur, welche Rasse oder welches Individuum Ihnen am besten gefällt. Viel wichtiger kann die nüchternere Überlegung sein, welcher Vierbeiner wirklich zu Ihnen paßt. Nehmen Sie sich also Zeit zum Schauen, Entdecken und Ausprobieren vor der endgültigen Entscheidung!

Pferde kennen und beurteilen

▶ Das Exterieur: Körperbau, Farben, Abzeichen

Mit dem Fachwort »Exterieur« bezeichnet die Reitersprache den Körperbau eines Pferdes. Man spricht von einem guten oder weniger guten Exterieur, und seine Beurteilung ist eine Wissenschaft für sich. Hier geht es ja nicht nur darum, das Pferd nach mehr oder weniger willkürlichen Gesichtspunkten als »schön« einzuordnen, sondern auch um die Frage, ob sein Körperbau es zu sportlichen Leistungen unter dem Reiter befähigt. Die Vorstellungen von einem solchen »perfekten Sportkörper« differieren auch von Reitweise zu Reitweise, Disziplin zu Disziplin. Das ideale Springpferd hat zum Beispiel kaum Gemeinsamkeiten mit dem optimalen Gang- oder

Missouri Foxtrotter in
Turnieraufmachung

Rodeo – Spannend anzusehen, aber nicht identisch mit Westernriding

Westernpferd. Wer sich zu einer Spezialrasse hingezogen fühlt und einen ihrer Vertreter erwerben möchte, sollte sich deshalb rechtzeitig über ihre Besonderheiten kundig machen.

GRÖSSE Das einfachste Exterieurmerkmal ist die Größe. Sie wird mittels des »Stockmaßes« ermittelt, wozu ein spezieller Meßstab am Widerrist des Pferdes angelegt wird. Der Widerrist ist die knöcherne Erhebung am Halsansatz, gebildet durch die Dornfortsätze der vorderen Rückenwirbel.

Grob unterteilt man Pferde in Großpferde und Kleinpferde. Bis zum Stockmaß von 1,48 Meter (Diese etwas krumme Zahl ergibt sich daraus, daß hier eine englische Maßangabe von Inches in Meter übertragen wurde) ist ein Pferd ein Kleinpferd oder Pony, darüber darf es sich Pferd nennen.

Größe entscheidet aber nur in ganz geringem Maße über die Leistungsfähigkeit und vor allem die Tragkraft eines Pferdes. Sie werden eher durch das Kaliber bedingt, also die Schwere des Knochenbaus. So manches kalibrige Kleinpferd kommt besser mit einem schweren Reiter zurecht als ein zierliches Vollblut. Insofern ist es nur vom persönlichen Geschmack abhängig, ob man lieber ein Großpferd oder ein kräftiges Pony reitet.

Viele alternative Reitweisen orientieren sich an der Gebrauchsreiterei von Hirten. Hier die spanische Doma Vaquera

KOPF Auch welche Kopfform bei welcher Rasse als »schön« gilt, ist mehr ein ästhetisches Problem. Beim Araber zum Beispiel wird ein Hechtkopf mit konkaver Einsenkung der Profillinie gern gesehen, iberische Pferde neigen eher zum Gegenteil, dem Ramskopf. Beim modernen Sportpferd wünscht man sich einen geraden Kopf, für viele Ponyrassen ist ein Keilkopf mit breiter Stirn und breit ausladenden Ganaschen charakteristisch.

HALS Doch schon beim Pferdehals werden praktische Überlegungen interessant. Beim Reitpferd sollte er nicht zu dick und nicht zu dünn, am Mähnenkamm schön bemuskelt und aufgewölbt sowie schräg aufgesetzt sein. Zeigt das Pferd dann noch eine ausreichende Ganaschenfreiheit, behindern die »Backenknochen« es also nicht dabei, den Hals anzuwinkeln, so wird es leicht an den Zügel zu reiten sein.

RÜCKEN Auch ein gerader Rücken erleichtert dem Pferd die Zusammenarbeit mit dem Reiter. Ob er im Verhältnis zur Beinlänge eher lang oder kurz gewünscht wird, ist rasseabhängig. Das ideale Westernpferd zum Beispiel ist ein »Quadratpferd« mit eher kurzem Rücken. Die Länge des Pferderumpfes soll mit der Widerristhöhe ein Quadrat bilden. Auch klassische Dressurreiter bevorzugen diese Körperform, während im internationalen Sport eher das »Rechteckpferd« erwünscht ist.

KRUPPE Das Hinterteil des Pferdes bezeichnet man als »Kruppe«. Von ihrer Form und Bemuskelung ist die wichtige Hinterhandaktion des Pferdes abhängig. Bei den meisten Pferderassen leistet eine lange und breite, mäßig abfallende Kruppe mit langen Ober- und Unterschenkelknochen die besten Dienste. Besonders bei Gangpferden ist aber auch eine abschüssige Kruppe erwünscht.

Korrekte Aufstellung zur Exterieurbeurteilung

»Materialprüfungen« für Pferde sind keine reinen Schönheitskonkurrenzen

GLIEDMASSEN Eine wichtige Rolle bei der Pferdebeurteilung spielt der Blick auf die Gliedmaßen. Ein Reitpferd ohne gesunde Beine ist schließlich undenkbar. Aber Achtung: Nicht jedes Pferd, das etwas schief auf den Beinen steht, ist verschleißanfällig oder gar krank! Zwar wünscht man sich heute in den meisten Zuchten senkrechtstehende Gliedmaßen. Jahrhundertelange Erfahrung hat aber gezeigt, daß manche Fehlstellungen, so etwa die »Kuhhessigkeit« der Hinterbeine, mehr Ausdauer und Trittsicherheit bewirken. Wichtiger als ganz korrekte Stellung ist also, daß eventuelle kleine Fehler keine Auswirkungen auf die Bewegung haben.

FESSELSTAND Wichtig ist dann auch noch der Fesselstand. Die Fessel verbindet das Röhrbein mit dem Huf und bildet damit idealerweise einen Winkel von etwa 45 Grad. Ist er steiler, so spricht man von einer »steilen Fessel«, ist er flacher, so gilt das Pferd als »weich gefesselt«. Letzteres findet man vor allem bei Pferderassen, die auf bequeme Gänge für den Reiter gezüchtet wurden. Aber es führt häufig, ebenso wie die sehr steile Fesselung, zu frühem Verschleiß des Pferdes.

FELLFARBE Nachdem wir das Pferd nun von Kopf bis Fuß begutachtet haben, kommen wir wieder zu einem offensichtlichen Merkmal, der Fellfarbe. Sie wird aus gutem Grund so spät behandelt, denn der Grundsatz alter Pferdekenner: »Ein gutes

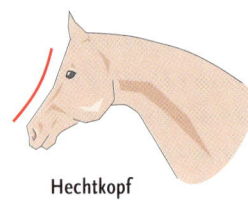

Hechtkopf

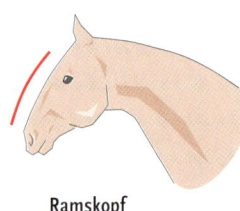

Ramskopf

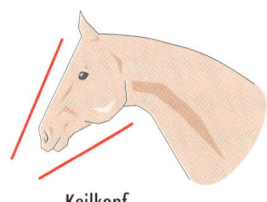

Keilkopf

Der Keilstern macht diesen hübschen Ponykopf auffällig

Pferd hat keine Farbe!« gilt auch heute noch. So schön es ist, ein Pferd mit attraktiver Felltönung sein eigen zu nennen – wesentlich wichtiger sind der Körperbau und die Reiteigenschaften!

Bevor Sie sich jedoch für eine Lieblingsfarbe entscheiden können, müssen Sie die Felltönung korrekt benennen können. Das ist im Prinzip ganz einfach, wenn Sie sich nur ein paar Grundregeln merken. Beginnen wir mit dem weißen Pferd, dem Schimmel. Seine Farbe ergibt sich durch ein Gen, das vorzeitige Vergreisung bewirkt. Ein braunes, fuchsfarbenes oder gar schwarzes Fohlen entwickelt im Laufe weniger Jahre zunächst weiße Stichelhaare, die es zum Rotschimmel oder Grauschimmel werden lassen. Irgendwann ist es dann schneeweiß oder milchweiß, aber wie lange dieser Prozeß sich genau hinzieht, kann niemand voraussagen. Bei Pferderassen mit sehr hohem Schimmelanteil geht es meist schneller als bei anderen. Viele Camarguepferde, Lipizzaner oder Andalusier sind schon mit drei Jahren ganz und gar weiß.

Wird ein Fohlen gleich weiß oder besser gesagt cremefarben geboren, so ist es kein Schimmel, sondern ein Cremello. Diese Ausnahmepferde haben oft blaue Augen und tragen eine interessante Erbanlage in sich, die man »Aufhellungsfaktor« nennt. Paart man sie mit einem Fuchs, so entstehen die begehrten Isabellen bzw. Palominos.

Schwarze Pferde nennt man Rappen, wobei ein richtig tiefschwarzes Fell selten ist. Bei artgerecht gehaltenen Pferden kommt es im Sommer unweigerlich zu einer Ausbleichung durch die Sonne. Bevor Sie einen Glanzrappen also so richtig bewundern, denken Sie an all die Zeit, die er zur »Schönheitspflege« im Stall verbracht hat!

Füchse und Braune zeigen beide eine braune oder rotbraune Grundfarbe. Der entscheidende Unterschied: Beim Fuchs sind

Mähne und Schweif gleichfarbig oder heller, beim Braunen sind sie schwarz. Durch den schon erwähnten Aufhellungsfaktor im Erbgut wird aus einem Fuchs ein Isabelle oder Palomino, aus dem Braunen ein Falbe. Isabellen und Falben haben beide eine cremefarbene bis hellbraune (beim Falben auch graue) Grundfarbe, Mähne und Schweif sind beim Isabellen hell, beim Falben gleichfarbig oder schwarz.

Viele Western- und Freizeitreiter schätzen besonders farbige Pferde, also Schecken. Neuerdings wird ihre Zucht gezielt betrieben, wobei jedes gescheckte Pferd ins Zuchtbuch aufgenommen wird. Dadurch, daß man den Schecken dann »Pinto« nennt, wird er aber noch längst nicht zum Rassepferd. »Pinto« ist nur das spanische Wort für »bemalt« oder »gescheckt«.

Auch bezüglich ihrer Gangveranlagung unterscheiden sich Einzelpferde und Pferderassen. Einige zeigen sehr hohe, spektakuläre Bewegungen, andere eher lange und flache. Neben den Gangarten Schritt, Trab und Galopp, die fast jedes Pferd zeigt, sind im Erbgut mancher Rassen weitere Gänge, zum Beispiel Tölt und Paß, fest verankert.

FEHLERPFERD Sie wissen jetzt, wie ein korrekt gebautes Pferd aussieht. Aber was ist ein »Fehlerpferd«? Der Ausdruck geistert immer wieder durch die Reitersprache und bezeichnet ein Pferd, das sich aufgrund seiner mannigfaltigen Gebäudefehler wenig zum Reiten eignet. Sehr nett ist das Wort natürlich nicht, denn das Individuum Pferd kann nicht einfach als Anhäufung

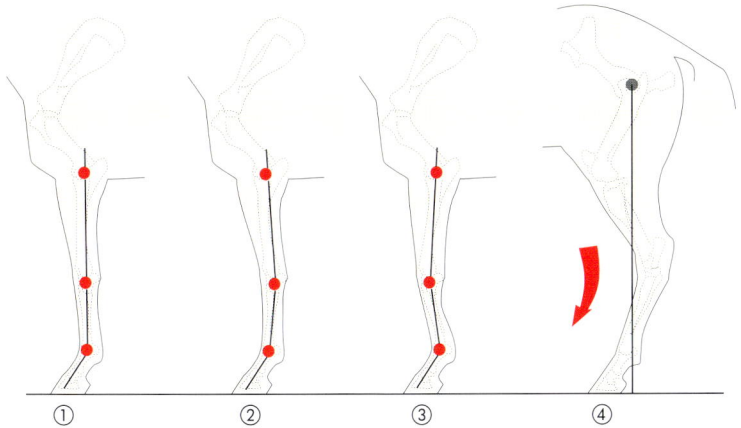

① normale Stellung
② rückbiegige Stellung
③ vorbiegige Stellung
④ säbelbeinige Stellung

von Problemen betrachtet werden! Gerade hinter einem häßlichen Entlein steht oft ein besonders angenehmer, freundlicher Charakter, und auch wenn sich das Pferd nicht zum Sportpferd eignet, kann es einem Freizeitreiter, der weniger Leistung verlangt, noch viel Freude machen. Hüten wir uns also davor, zum »Fehlergucker« zu werden. Nicht jedes Problem beeinträchtigt ein Pferd so sehr, daß es absolut unbrauchbar ist. Sie sollten deshalb auch sehr gut überlegen, welchen Freund oder Bekannten Sie bei einem eventuellen Pferdekauf um Beratung bitten. Versierte Reiter raten Anfängern gern zu Pferden, die zwar ein hervorragendes Gebäude und großes Potential für den Sport haben, ihren künftigen Besitzer aber in Sachen Gangwerk, Temperament und Ausbildungsbedarf erheblich überfordern.

Auch ein Pferd, das sich nicht absolut perfekt trägt, kann problemlos alt werden. Sollte Ihr Traumpferd also über eher enge Ganaschen verfügen oder sein Hals infolge einer zu steilen Halsansatzfläche etwas zu weit vorhängen, so werden Sie zwar wahrscheinlich keine Dressurschleifen gewinnen können, aber durchaus mit einem gesunden Pferd durchs Gelände kommen. Jedenfalls dann, wenn Sie halbwegs passabel reiten, denn ein guter Reiter kann fast jeden Gebäudefehler durch Training ausgleichen.

Zeigt das Pferd allerdings eine Neigung zum Hirschhals, so wird das schwieriger. Hier wird dem Reiter deutlich mehr abverlangt, um dem Pferd zu einer annehmbaren Arbeitshaltung zu verhelfen. Dabei spielt das Zusammenspiel von treibenden und verhaltenden Hilfen eine große Rolle. Die Verwendung von Hilfszügeln ist keine Lösung, sondern macht das Problem nur schlimmer. Das Pferd beginnt, sich gegen den Zwang aufzulehnen, und wird schnell zum Puller und Durchgänger. Vorsicht deshalb bei Pferden mit Hirschhals und stark bemuskeltem Unterhals! Anfänger kommen selten mit ihnen zurecht. Das gilt besonders, wenn das Pferd auch noch Rückenprobleme hat. Ein Senkrücken oder ein Karpfenrücken begünstigt Verspannungen und Rückenschmerzen, das Pferd versucht eine Vermeidungshaltung einzunehmen und reißt den Kopf hoch. Auch bei diesen Schwierigkei-

Viele Reiter lieben Pferde in auffälligen Farben

ten sind sehr gute Reiter mit viel Erfahrung und Einfühlungsvermögen gefragt.

Fehlstellungen der Beine müssen die Reiteignung, wie gesagt nicht beeinträchtigen. Unterständige Hinterbeine, oft in Verbindung mit einer stark abfallenden Kruppe, können es dem Reiter sogar erleichtern, das Pferd in der richtigen Haltung zu reiten. Sie sind beim Sportpferd nur deshalb unerwünscht, weil das damit behaftete Tier in der Regel weniger Raumgriff entwickelt, also keine weiten, langen Bewegungen zeigt. Dafür besticht es mitunter durch besonders erhabene Gänge und begeistert damit Fans der Klassisch-Iberischen Reitweise.

Auf keinen Fall sollte man sich beim ersten Pferdekauf auf Experimente einlassen. Kaufen Sie kein Fohlen, auch wenn das eine gute Idee zu sein scheint, weil die erwachsenen Exemplare Ihrer Traumrasse sehr teuer sind. Die Ideallösung ist ein erwachsenes Pferd, das Sie ausgiebig probereiten können. Es sollte Ihnen aufgrund seines Äußeren, aber auch durch sein angenehmes Gangwerk und seine Umgänglichkeit
unter dem Reiter sympathisch sein.

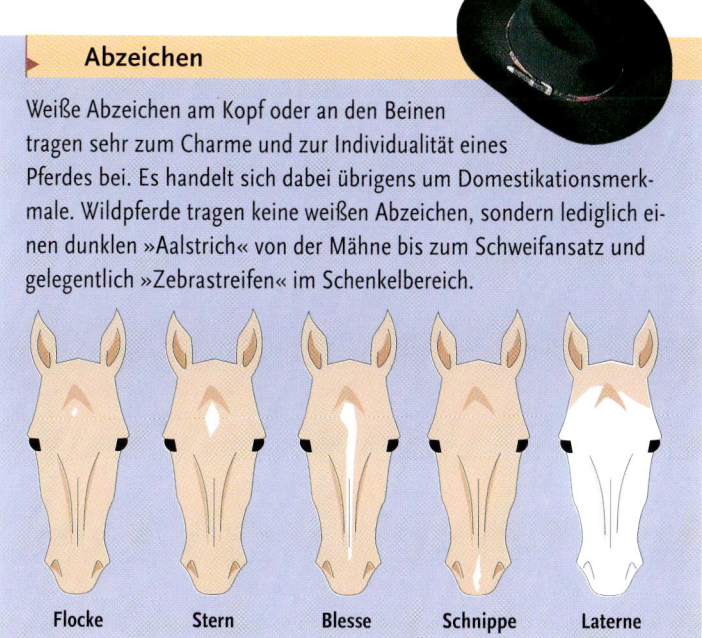

▶ Abzeichen

Weiße Abzeichen am Kopf oder an den Beinen
tragen sehr zum Charme und zur Individualität eines
Pferdes bei. Es handelt sich dabei übrigens um Domestikationsmerkmale. Wildpferde tragen keine weißen Abzeichen, sondern lediglich einen dunklen »Aalstrich« von der Mähne bis zum Schweifansatz und gelegentlich »Zebrastreifen« im Schenkelbereich.

| Flocke | Stern | Blesse | Schnippe | Laterne |

Wer ein junges Pferd kauft, möchte stets gern wissen, welche Endgröße es einmal erreichen wird. Mit Hilfe des altenglischen »Zigeunermaßes« kann man das recht genau errechnen. Dazu mißt man den Abstand zwischen Ellbogen und Fesselkopf und zwischen Ellbogen und Boden. Addiert ergeben diese Werte die spätere Widerristhöhe des Pferdes. Die sichersten Aussagen erlaubt diese Schätzung bei Jährlingen.

▶ Das Interieur – Charakter und Persönlichkeit

Auf den letzten Seiten haben wir uns ausführlich mit der körperlichen Eignung des Pferdes zum Reitpferd auseinandergesetzt. Ein Pferd ist jedoch ein Lebewesen, und seine Psyche spielt bei all seinen Leistungen eine fast ebenso große Rolle wie seine physische Begabung. Das »Interieur« erschließt sich allerdings nicht beim ersten Vortraben, und die Einstellung des Pferdes zum Menschen und zur Leistung ist auch nicht nur angeboren, sondern zu einem großen Teil erworben. Viele aggressive Pferde beißen und schlagen zum Beispiel nur aus Angst und Frustration über unfähige, brutale Reiter und zu enge Ställe. In einfühlsamer Hand würden sie ihren starken Charakter für ihren Reiter einsetzen statt ihn zu bekämpfen. Durchgänger sind oft besonders sensible und ängstliche Pferde, die vor ihrem Reiter davonlaufen. Ihr gefährliches Fehlverhalten ergibt sich nicht aus Bosheit, sondern Unsicherheit.

Benimmt sich ein Pferd nicht so, wie wir es wollen, sprechen wir meist von »Untugenden«. Das beginnt mit den sogenannten »Stalluntugenden« Koppen und Weben. Koppen bezeichnet ein Abschlucken von Luft, das dem Pferd aus irgendeinem Grund Befriedigung verleiht und suchtartige Züge annehmen kann. Früher nahm man an, es begünstige Koliken, und bekämpfte es mit sehr rigiden Methoden. Heute sehen es die meisten Tierärzte nur als lästig, nicht als gefährlich an. Ebenso wie Weben, ein an den Hospitalismus bei Kindern erinnerndes »Auf-der-Stelle-Treten«, ist es eine Folge von Langeweile bei

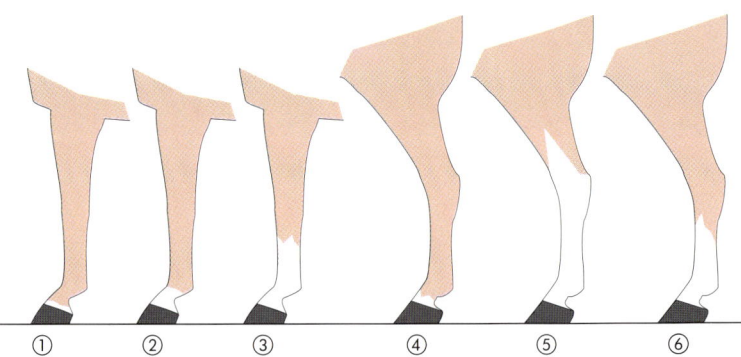

① Vorderkrone weiß ② Vorderfessel weiß ③ Vorderfuß halb weiß ④ Hinterfessel unregelmäßig weiß ⑤ Hinterbein unregelmäßig weiß ⑥ Hinterfuß unregelmäßig weiß

| normaler Hals | Schwanenhals | Hirschhals |

Stallhaltung. Bei artgerechter Haltung gibt es sich meist schnell. Aggressivität im Stall ist nicht so leicht zu bekämpfen. Ist ein Pferd erst soweit, daß es seine Pfleger angreift, und hat es damit die ersten Erfolge, so wird es kaum wieder davon ablassen. Mit Liebe allein läßt sich diese Untugend nicht korrigieren. Als Anfänger lassen Sie also besser die Hände von derart gefährlichen Pferden – auch wenn sie Ihnen leid tun und Ihr Mitleid zweifellos verdienen!

Das gilt auch für Pferde, die unter dem Reiter gefährliche Unarten entwickelt haben. Steigen, Buckeln und Durchgehen sind einem Pferd nur schwer wieder abzugewöhnen, man braucht dazu profunde reiterliche Kenntnisse und Sattelfestigkeit. Fachkundige Berater, die das Pferd mit dem richtigen Maß an Liebe und Strenge für seinen Besitzer korrigieren, sind leider ebenfalls Mangelware. Besser als Heilen ist deshalb Vorbeugung: Ein guter Pferdeausbilder sollte immer auch ein »Pferdepsychologe« sein.

▶ Pferdetypen

Pferderassen entstanden ursprünglich dadurch, daß man versuchte, den idealen Pferdetyp für eine bestimmte Nutzungsart zu züchten. Unsere Vorfahren brauchten starke Pferde zum Pflügen der Felder und Ziehen schwerer Lasten, elegante Pferde zum repräsentativen Reisen, schnelle Pferde für Botendienste. Die genaue Vorstellung vom Idealpferd für diese oder jene Nutzungsart differierte dabei natürlich je nach Land und Gegend und war vor allem von praktischen Überlegungen abhängig. Wer schwere Böden zu bearbeiten hatte, brauchte Kaltblutpferde; in den Bergen waren Kleinpferde wie Haflinger die bessere Wahl für die gleiche Arbeit. In Mitteleuropa reiste man bequem per Kutsche und züch-

Solche Fehlstellung der Vorderbeine kann die Nutzung des Pferdes beeinträchtigen

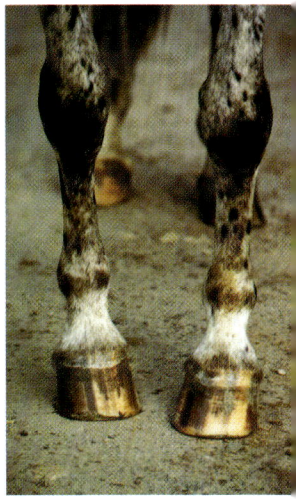

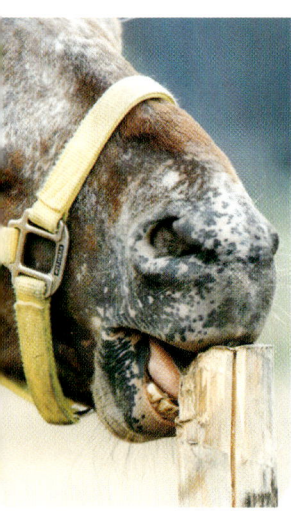

Knabbern am Holz ist keine Untugend, sondern Ausdruck von Langeweile oder Unterversorgung mit Vitaminen

tete dazu elegante Warmblüter; im unwirtlichen Island war man gezwungen, weite Strecken auf dem Pferderücken zurückzulegen, züchtete sich dazu aber wenigstens bequeme Tölter. Auf diese Weise kam es weltweit zu einer ungeheuren Vielfalt an Pferderassen, aber viele verloren an Bedeutung, als die Technik ihren Siegeszug antrat. In den sechziger Jahren schien es überhaupt so, als habe in der modernen Zeit nur noch das konventionelle Sportpferd eine Zukunft.

PFERDE FÜR FREIZEITREITER Erst durch die Freizeitreiterbewegung kamen viele alte Rassen zu neuen Ehren. Heute zeichnet sich weiterhin eine Art »Gründungsboom« für neue Pferderassen ab. Meist geht es dabei darum, die erwünschten Eigenschaften zweier Rassen miteinander zu kombinieren. Ein Beispiel dafür ist der Aegidienberger, der Größe und Sensibilität des Peruanischen Paso mit Robustheit und Gelassenheit des Isländers verbinden soll. Der Versuch zur Gestaltung einer neuen Rasse ist jedoch immer ein Glücksspiel, denn im Allgemeinen braucht es viel Zeit, Eigenschaften wirklich genetisch zu konsolidieren. Lassen Sie sich also nicht davon täuschen, daß man auf Schauen und Turnieren nur die gelungenen Vertreter der neuen Rassen sieht. Die Fehlschläge landen ohne Papiere beim Händler oder gleich in der Tiefkühltruhe.

KREUZUNGEN Nun war bisher stets von rassereinen Pferden die Rede, und auch wenn wir auf den nächsten Seiten verschiedene Pferdetypen vorstellen, wird es schwerpunktmäßig um Pferde »mit Papieren« gehen. Das soll aber nicht darüber hinwegtäuschen, daß in jedem Reitstall auch Pferde ohne Abstammungsnachweis stehen. Nicht ganz zu Unrecht erklären ihre Besitzer, man reite schließlich nicht auf der Geburtsbescheinigung. Trotzdem gibt es gewichtige Gründe, Rassetieren den Vorzug vor Kreuzungen zu geben. Das ist besonders dann der Fall, wenn man selbst ein Fohlen aufziehen möchte. Ohne die Eltern zu kennen, kann kein Mensch auch nur annähernd sagen, wie sich das Pferd entwickeln wird. Beim erwachsenen Tier sieht das natürlich anders aus. Ein Pferdekenner kann aufgrund des Körperbaus sagen, ob sich das Pferd für bestimmte Einsatzzwecke eignet oder nicht, zudem kann man es meist probereiten. Dabei erlebt man aber leider selten positive Überraschungen. Auf die Ausbildung und Versorgung von Pferden ohne Papiere wird in der Regel weniger

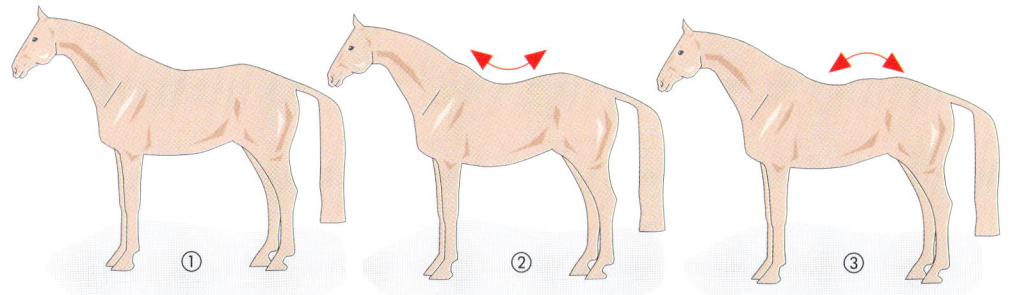

Sorgfalt verwendet als auf die von Rassetieren. Sie sind meist kein Ergebnis sorgfältiger Zuchtplanung, sondern ein Zufallsprodukt oder das Ergebnis der Profitgier eines Händlers, der schnell aus zwei beliebi-

① gerader Rücken
② Senkrücken
③ Karpfenrücken

Pferdeflüsterer und Magier?

Menschen, die Problempferden auch schwerste Verhaltensstörungen rasch abgewöhnen wie der »Pferde- flüsterer« im Kino – Gibt es sie wirklich, oder entstammen sie nur der Phantasie von Drehbuchschreibern und Buchautoren? Unzweifelhaft gibt es Menschen, die einen besseren »Draht« zu Pferden haben als andere. Jeder Reiter verfügt über mehr oder weniger Begabung dazu, sich in das Tier einzufühlen und Verständnis für seine Eigenarten aufzubringen. Wer viel von diesem »sechsten Sinn« mit- bringt, kommt natürlich gerade mit schwierigen Tieren besser zurecht. Allerdings muß auch er die grundlegenden Techniken des Reitens und des Umgangs mit Pferden zunächst erlernen. Ein technisch ungeschick- ter Reiter wird immer schnell an seine Grenzen stoßen.
Außerdem: Wunder bewirken kann niemand! Problempferde haben ihre Verhaltensstörungen über einen längeren Zeitraum hinweg entwickelt und kultiviert. Ihre Schwierigkeiten sind durchaus mit Phobien und Zwangshandlungen zu vergleichen, also massiven psychischen Störun- gen, die selbst beim einsichtigen, menschlichen Patienten nicht durch ein einziges Gespräch mit dem Psychologen aus der Welt zu schaffen sind. Also Vorsicht vor falschen Versprechungen! Korrektur von Problempferden ist harte, langfristige Arbeit für erfahrene Reiter und Pferdekenner.

Dülmener Wildpferde leben heute noch in Freiheit

gen Pferden drei machen wollte. Papierlose Pferde haben häufiger Aufzuchtschäden körperlicher oder seelischer Natur als andere. Ein Käufer braucht viel Erfahrung, um sie zu erkennen, und noch mehr, sie vielleicht zu beheben. Also Vorsicht vor dem »Schnäppchen« vom Händler nebenan!

▶ Kaltblüter – Eine starke Truppe

Die Bluttemperatur eines Kaltblutpferdes ist natürlich nicht niedriger als die eines Vollbluts oder Warmbluts. Die Oberbezeichnung für die schweren Arbeitspferde, die noch vor wenigen Jahrzehnten von keinem Bauernhof wegzudenken waren, bezieht sich eher auf deren ruhigen, »kaltblütigen« Charakter. Die meisten Kaltblüter zeichnen sich nämlich durch Umgänglichkeit und Gelassenheit aus. Sie sind von jeher darauf gezüchtet, ihre gewaltige Kraft nicht gegen den Menschen einzusetzen, und sie neigen nicht zu Panikreaktionen. Ihre Lieblingsgangart ist der Schritt. Während man in den sechziger Jahren ihr Aussterben fürchtete, er-

Rassepferde werden oft mit einem Brandzeichen versehen

leben die Kaltblüter heute eine Renaissance als umweltfreundliche Waldarbeiter. Immer häufiger werden sie als Holzrückepferde eingesetzt. Die etwas kleineren und leichteren Rassen wie etwa Schwarzwälder Füchse und Noriker finden aber auch im Freizeitbereich neue Aufgaben. Viele Hobbyreiter und -fahrer schätzen sie als Familienpferde.

Die bekannteste Kaltblutrasse ist der Belgier. Oft wird der Name »Belgier« sogar als Sammelbegriff für alle Kaltblüter genannt. Die extrem schweren Pferde, die ursprünglich aus Flandern und Brabant stammten, blicken auf eine große Geschichte als Ritterpferde zurück. Im Mittelalter schätzte man sie als Streitrösser, da sie mühelos mit dem Gewicht der schweren Rüstungen fertig wurden. Später war der Belgier oder Brabanter an der Schaffung vieler anderer Kaltblutrassen beteiligt.

Aus England kommen die fast ebenso berühmten Shire-Horses. Die Vertreter dieser größten Pferderasse der Welt erreichen häufig ein Stockmaß über zwei Meter! Auch sie blicken auf eine Vergangenheit als Streitrosse zurück, sind heute aber bekannter als Vertreter diverser englischer Brauereien, deren Bierwagen sie werbewirksam durch jede größere Pferdeshow ziehen.

Etwas eleganter als das typische Kaltblut ist der Percheron. Die Rasse führt nachweislich Araberblut und war bis in die ersten Jahrzehnte des 20. Jahrhunderts nicht nur als Arbeits-, sondern auch als schweres Kutschpferd beliebt. Heute erwartet viele Percherons im französischen Ursprungsland ein weniger glamouröses Schicksal. Sie werden als Schlachtpferde gezüchtet.

In Deutschland wird die Kaltblutzucht traditionell von den Warmblutzuchtverbänden mitbetreut. In praktisch jedem Landgestüt gibt es auch Kaltbluthengste, die Züchtern zur Verfügung stehen, und man bemüht sich vor allem dort sehr intensiv um die Erhaltung der alten Rassen. Mit dem Aussterben einer Rasse gehen immer unwiederbringliche Verluste eines Genpools einher. Genreserven sind jedoch für die Einkreuzung zur Gesunderhaltung der anderen Rassen wichtig.

Kaltblüter wie diese Percherons ziehen schwere Lasten mühelos weg

Kaltblüter reiten?

Auf Hengstparaden oder Schauen sieht man sogar relativ schwere Rassen wie Westfälische oder Rheinische Kaltblüter immer wieder unter dem Sattel. Die »Dicken« glänzen hier sogar in Zirkuslektionen und werden stets mit donnerndem Applaus bedacht. Für Freizeitreiter ist es aber eher die Ausnahme, sich ein so schweres Pferd, das in der Unterhaltung verständlicherweise nicht billig ist, in den Offenstall zu holen. Die meisten Kaltblutfans entscheiden sich eher für kleinere und leichtere Rassen. Der Freiberger aus der Schweiz ist dabei sicher die beliebteste. Diese vielseitigen, freundlichen Pferde werden in den letzten Jahren gezielt als Allrounder gezüchtet und vermarktet.

Ein Geheimtip ist dagegen das Finnpferd, ein sehr kleiner Kaltblüter, der beinahe im Ponytyp steht. Finnpferde gelten als die schnellsten Kaltblüter der Welt - In ihrer Heimat Finnland fährt man mit ihnen Trabrennen. Als Freizeit- und Familienpferde sind sie noch nicht so bekannt, haben aber sicher Zukunft!

Holzrücken – Idealer Job für die »Dicken«

▶ Warmblüter – Die Vielseitigen

Praktisch alle klassischen Reitpferderassen gehören zu den Warmblütern. Der konventionelle Dressur- und Springsport wird praktisch nur mit ihnen bestritten. Aber auch als leichte, elegante Kutschpferde wurden und werden Warmblüter eingesetzt, und im Freizeitreiterbereich bewähren sie sich im Distanzsport und als Wanderreitpferde. Nehmen Sie es also nicht so ernst, wenn besonders den Warmblutpferden deutscher Zuchten, die im Sport besonders erfolgreich sind, ein oft schwieriger Charakter nachgesagt wird. Verhaltensprobleme dieser sensiblen Pferde lassen sich fast immer mit nicht artgerechter Haltung erklären, denn gerade Sportpferde verbringen ihr Leben immer noch vorwiegend in Boxen. Grundsätzlich besteht jedenfalls kein Grund, den Warmblüter als Familienpferd auszuschließen.

Warmblutpferde deutscher Zuchten werden nach ihren Zuchtgebieten benannt. Die bekanntesten sind wohl Westfalen und Hannoveraner, aber auch Brandenburger und Mecklenburger, Holsteiner und Oldenburger, Baden-Württemberger, Bayern und Hessen haben im internationalen Sport einen sehr guten Ruf. Ein Sonderfall sind die Trakehner, die vor dem Zweiten Weltkrieg im Staatsgestüt Trakehnen in Ostpreußen gezüchtet wurden und sich schnell einen hervorragenden Ruf als Dressur-, Spring- und vor allem Kavalleriepferde erwarben. Sie werden heute von einem überregionalen Zuchtverband betreut. Im Alltag erweisen sie sich oft als besonders nervige und intelligente Reitpferde – großartige Partner, wenn ihr Reiter sie zu nehmen weiß.

In anderen europäischen Ländern bestehen natürlich ebenfalls Warmblutzuchten. Der französische Selle Français besticht zum Beispiel als Dressurpferd in der Traditionsreitschule in Saumur, während sich die englischen Zuchten mehr auf Spring- und Jagdpferde konzentrieren.

Eleganz und Temperament: ein Warmblut im Freilauf

▶ Vollblüter – Zum Rennen geboren

»Vollblüter« darf sich jedes Pferd nennen, das auf eine rein arabische Abstammung zurückblicken kann. Schon zu Zeiten des Propheten Mohammed züchteten die Beduinen Arabiens die eher kleinen, aber schnellen Galopp-Pferde. Durch Mohammeds Glaubenskriege erhielten sie einen geradezu legendären Ruf, denn der Prophet und seine Nachfahren riefen in unnachahmlich schönen Worten zu ihrer Pflege und guten Behandlung auf. Sätze wie »Sage nicht, es ist mein Pferd, sage, es ist mein Sohn!« und »Soviel Körner Gerste du deinem Pferde gibst, soviel Sünden seien dir vergeben!« rühren immer noch an das Herz des Pferdefreundes, obwohl die internationalen Araberverbände heute ganz andere Vorstellungen vom gut gepflegten Pferd haben als vormals der Prophet. Der Vollblut-Araber läuft Gefahr, immer mehr zum »Modepüppchen« zu entarten. Die »schönsten Pferde der Welt« werden für die Schau geschoren und geschminkt, der elegante Schwung ihres Halses geht oft auf Schwitzpackungen zurück, und wenn das alles nichts hilft, greift man auch mal zum Silikonimplantat, um der zweifelhaften Schönheit nachzuhelfen. Zum Glück gibt es immer noch Araberfreunde, für die natürliche Ausstrahlung und Leistung zählen. Besonders im Distanzsport stehen arabische Pferde oft vorn, und viele Freizeitreiter lieben sie aufgrund ihrer besonderen Menschenbezogenheit.

Wem der Vollblut-Araber zu klein und zierlich ist, der findet sein orientalisches Traumpferd vielleicht im Shagya-Araber. Diese ebenfalls sehr edle, aber etwas größere und kalibrigere Pferderasse entstand im 19. Jahrhundert auf dem ungarischen Staatsgestüt Babolna. Man kreuzte dazu Mutterstuten, die arabisches, aber auch Lipizzaner- und Kladruber-Blut führten, mit Araberhengsten.

Orientalische Hengste waren auch die Begründer der zweiten

Edler Kopf eines
Vollblüters

Oft wurden Vollblüter
zur Veredelung
von Warmblutrassen
eingesetzt

wichtigen Linie der Vollblut-Familie. Praktisch alle Vertreter des Englischen Vollbluts gehen auf drei Stammhengste zurück: Godolphin Barbian, Byerley Turk und Darley Arabian. Englische Vollblüter sind die schnellsten Pferde der Welt. Ihr Haupteinsatzbereich sind die Rennbahnen, auf denen sie ihren Besitzern zum Teil horrende Geldsummen verdienen – aber auch schon so manchen Ruin verursachten. Lernt man sie nicht als »Rennmaschinen«, sondern als Persönlichkeiten kennen, so bestechen sie oft durch freundlichen, sanften Charakter und entwickeln sich zu hervorragenden Freizeitpartnern.

Auch die Traber auf unseren Rennbahnen erheben Anspruch auf den Titel »Vollblut«, und darüberhinaus sollte der Achal Tekkiner bei der Aufzählung der edlen Renner nicht vergessen werden. Diese noblen russischen Pferde werden seit Menschengedenken in der südrussischen Steppe gezüchtet. Charakteristisch für sie ist der Goldglanz im Fell, zudem sagt man ihnen nach, sie würden unter schwersten Einsatzbedingungen Blut schwitzen. So weit werden sie heute gewöhnlich nicht mehr gefordert. In Mitteleuropa schätzt man sie mehr als besonders exklusive Freizeitpferde.

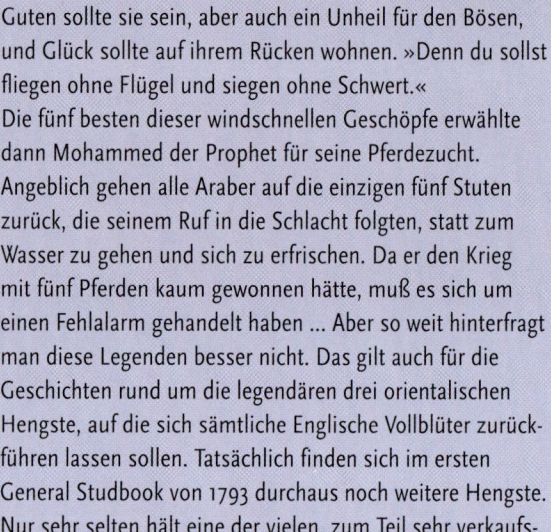

Auch Araber fühlen
sich im Winter auf
der Weide wohl

> ## Kleinpferde und Ponys – Handlich und klug

Die Vertreter der kleinsten Ponyrasse – es handelt sich hier um die
argentinischen Falabella-Ponys – sind nur 40 bis 60 cm hoch; die
größten – englische Ponyrassen wie Welsh Cob oder Connemara
– liegen um 1,48 m. Cobs können auch schon mal aus dem Pony-
maß herauswachsen, ohne daß sie gleich als untypisch für ihre
Rasse gelten. Der Cob-Typ, der ein kräftiges, kompaktes Pferd mit
gutem Halsansatz, kleinem, elegantem Kopf und starken Trabbe-
wegungen bezeichnet, ist hier wichtiger als die Größe. Zwischen
diesen »Pony-Extremen« vom Liebhaberpferdchen bis zum Ge-
wichtsträger liegen viele andere Kleinpferderassen. Als Kinderpferd kennen wir dabei vor allem das Shetlandpony, dessen enor-
mer Leistungswille und hohe Intelligenz es aber auch zum

hervorragenden Fahrpferd machen. Die selbstbewußten Shetlandponys sind alles andere als Spielzeuge! Sanfter und damit besser für Kinder geeignet sind meist Dartmoor-Ponys und Welsh-A-Ponys.

Nachwuchs-Turniercracks sind mit Connemara-Ponys, Deutschen Reitponys oder Welshponys der Sektionen B und C am besten beritten. Insbesondere Deutsche Reitponys sollen im Typ möglichst genau dem Warmblüter entsprechen und verfügen über ein dementsprechend gutes Gebäude für konventionelle Dressur- und Springprüfungen.

Die meisten Kleinpferde- und Ponyrassen sind jedoch Familienpferde. Insbesondere die sogenannten Robustrassen bieten eigentlich für jeden etwas. Sie sind unproblematisch in der Haltung und preiswert in der Unterhaltung, auch von schwereren Erwachsenen problemlos reitbar und meist von eher gelassenem Temperament. Die hier in Frage kommenden Rassen sind zum Beispiel Haflinger, die freundlichen Füchse mit hellen Mähnen, Fjordpferde, die Falben aus Norwegen, oder das urwüchsige Highland Pony aus Schottland. Wer ein besonders bequemes Pferd wünscht, findet sein Kleinpferd vielleicht unter den Isländern oder Aegidienbergern, welche die weiche Viertaktgangart Tölt mitbringen. Auf ihnen ist auch Erwachsenen die Teilnahme an Spezialturnieren möglich.

Viele Kleinpferde- und Pony-Enthusiasten kommen aus dem konventionellen Reitsport und haben sich die praktischen Kleinpferde gerade deshalb angeschafft, weil ihnen Warmblüter zu unhandlich und das Leben zwischen Reithalle und Turnierplatz zu langweilig war. Kleinpferde sind in aller Regel intelligenter als ihre größeren Verwandten und lernen gerne neue Lektionen wie z. B. Zirkuskunststücke.

Ein typischer
Ponykopf

Nicht jedes Pony ist auch das ideale Kinderpferd

▶ Vielfalt der Rassen

Die moderne Pferdeszene ist außerordentlich vielfältig und bietet wirklich für jeden etwas. Neben den traditionellen Disziplinen Dressur und Springreiten feiert zum Beispiel die Klassische Dressur auf Barockpferden eine Renaissance. Aber auch wer sein Glück im Westernreiten sucht oder sich gern im Tölt oder Walk durch den Wald tragen läßt, hat eine große Auswahl unter Pferderassen aus der ganzen Welt.

Westernreiten hat heute allerdings nichts mehr mit Viehtriebromantik zu tun. Der lockere Reitstil der Cowboys ist einer sehr wettbewerbsorientierten Reitweise gewichen, in der Profireiter die Szene beherrschen und die Pferde nicht immer mit Samthandschuhen anfassen. Informieren Sie sich also ausgiebig, bevor Sie sich aufgrund Ihrer Träume auf diesen oder einen anderen Reitstil festlegen! Geeignete Pferde fürs Westernriding sind in erster Linie das Quarter Horse, das traditionelle Pferd des amerikanischen Cowboys, sowie das Paint Hor-

▶ Ein Pferd für Kinder?

»Ein eigenes Pony!« Bei vielen Kindern steht es ganz oben auf dem Wunschzettel. Es ist jedoch nur in den seltensten Fällen ratsam, diesem Wunsch zu entsprechen. Das gilt vor allem dann, wenn das Kind bisher noch nicht über Reiterfahrung verfügt und das Pony zudem noch so billig wie möglich sein soll. Erfahrene Kinderponys, von denen der junge Reiter etwas lernen kann, finden sich nicht auf dem nächsten Pferdemarkt! Solche Goldstücke werden meist innerhalb der Reiterszene weitergegeben und haben selbst im gestandenen Alter von über 15 Jahren noch Preise, die manchen nach Luft schnappen lassen. Natürlich sind sie jede Mark wert, aber Anfänger im Pferdebereich können das oft nicht ermessen. Die erstehen dann lieber ein blutjunges »Billigpony« vom Händler, mit dem die Kinder hoffnungslos überfordert sind. Grundsätzlich gilt: Reiten lernt man nicht von allein. Schicken Sie Ihr pferdebegeistertes Kind also zunächst in die Reitschule, und nutzen Sie die Zeit, um sich auch selbst gründlich über den Umgang mit Pferden zu informieren.

se, sein gescheckter Verwandter. Zu den klassischen Westernrassen gehört weiterhin der Appaloosa. Die sympathischen Tigerschecken wurden ursprünglich vom Indianerstamm Nimipu am Fluß Palouse gezüchtet. Westernreiten kann man aber auch auf allen anderen Pferderassen.

Eine weitere Alternative zum konventionellen Reitstil ist das Reiten auf Gangpferden. Unter Gangpferden versteht man Rassen, die neben oder anstatt der bekannten drei Gangarten Schritt, Trab und Galopp eine oder mehrere weiche Viertaktgangarten mitbringen. Die Besonderheit dieser Gänge ist, daß hier die Schwebephasen entfallen und der Reiter weniger durchgeschüttelt wird. Die wichtigsten Viertaktgangarten sind Tölt und Walk. Dabei kennt man den Tölt vor allem vom Islandpferd, aber auch bei Gangpferden aus Südamerika wie Peruanischen Pasos, Paso Finos und Mangalarga Marchadores ist er im Erbgut verankert. Aus Amerika kommen die größten Tölter: der American Saddlebred Horses Walk ist vor allem dem Tennessee Walking Horse und dem Missouri Foxtrotter zu eigen.

Isländer bringen die Viertaktgangart »Tölt« mit

Umgang
mit Pferden

In vielen Reitställen bietet sich dem Schüler ein Rundumservice: Das Pferd erwartet ihn bereits gesattelt und gezäumt in seiner Box oder gar in der Reithalle, und er braucht nur noch aufzusitzen. Nach der Stunde klopft er dem Pferd zum Abschied den Hals und gibt es dann an den nächsten Reitschüler weiter. Wenn Ihnen das gefällt, so finden Sie sicher einen Reitstall, der Ihnen auch als Privatpferdebesitzer einen solchen Service bietet. Billig ist das allerdings nicht – und aus der Sicht des Pferdeliebhabers auch keineswegs wünschenswert. Der Unterschied zwischen dem Reiten und anderen Sportarten liegt ja gerade darin, daß man hier mit einem anderen, zunächst fremdartigen Lebewesen zusammenarbeitet, es kennen und verstehen lernt. Mit rein mechanischem Einüben der Hilfen ist das nicht getan. Vertrautheit zwischen Pferd und Mensch ergibt sich letztlich nur im täglichen Umgang.

Nehmen Sie sich Zeit, und probieren Sie es aus. Sie werden dabei merken, wie geduldig und mit wieviel Toleranz gegenüber Fehlern und Ungeschicklichkeiten Ihnen Ihr Partner Pferd entgegenkommt!

Die tägliche Begegnung mit dem Pferd

Nicht alle Pferde geben die Freiheit der Weide gern auf

▶ Erstmal aufhalftern

Bevor man irgend etwas mit einem Pferd anstellt, egal ob man es putzen oder aufsatteln, zum Schmied bringen oder verladen möchte, legt man ihm ein Stallhalfter an. Das sollten Sie auch tun, wenn Sie es in der Box putzen möchten. Wenig Sinn hat es allerdings, dem Pferd das Stallhalfter ständig am Kopf zu lassen. Das ist unbequem und zudem verletzungsträchtig, denn das Pferd kann damit leicht irgendwo hängenbleiben. Seien Sie deshalb skeptisch, wenn Sie in eine Haltungsanlage kommen, in der alle

Pferde ständig Halfter tragen. Bestenfalls spricht das für die Bequemlichkeit des Stallpersonals, schlimmstenfalls dafür, daß sich die Pferde auf der Weide nicht fangen lassen.

Bevor Sie zu Ihrem Pferd gehen, ordnen Sie das Halfter zunächst in Ihrer Hand, und vergewissern Sie sich, ob das jeweilige Modell mit Hilfe einer Schnalle am Nackenriemen oder eines Karabinerhakens am Kehlriemen geschlossen wird. Zum Aufhalftern nähern Sie sich dem Pferd von vorn seitlich. Falls Sie dazu in die Box gehen müssen, und das Pferd dreht Ihnen gerade das Hinterteil zu, rufen Sie es an, bevor Sie sich nähern. Auf-

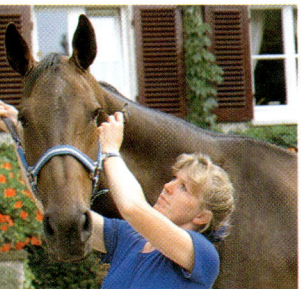

Legen Sie dem Pferd das Halfter über die Nase ...

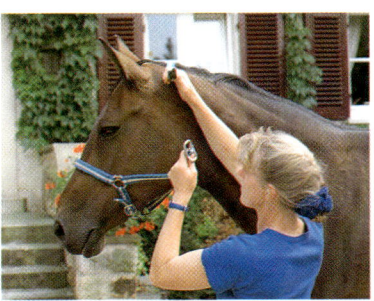

Führen Sie den Nackenriemen hinter seinen Ohren her ...

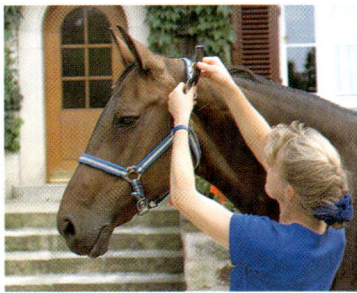

...und verschnallen ihn so, daß das Halfter korrekt sitzt

geschlossene Pferde werden sich dann meist zu Ihnen umdrehen, aber falls es sich um ein Schulpferd handelt, das Sie zu Recht als den nächsten Reiter identifiziert, bleibt es vielleicht einfach, wo es ist. Dann gehen Sie freundlich sprechend zu ihm und versüßen ihm den Gedanken an Arbeit mit einem Leckerbissen.

Stellen Sie sich nun neben den Pferdehals nahe am Pferdekopf und umfassen die Nase des Vierbeiners mit dem rechten Arm. Die rechte Hand legen Sie ihm auf den Nasenrücken und drücken seinen Kopf damit sanft nach unten. Mit der linken Hand schieben Sie den Nasenriemen des Halfters über den Nasenrücken. Anschließend ziehen Sie das Nackenstück über die Ohren. Wenn nichts verdreht ist, können Sie das Halfter nun schließen. Falls es am Nackenstück zu verschnallen ist, wählen Sie das Schnallenloch so, daß der Nasenriemen auf dem harten Teil der Nase und mindestens vier Finger breit oberhalb der Nüstern sitzt.

Um ein Pferd einzufangen, gehen Sie von vorn seitwärts darauf zu

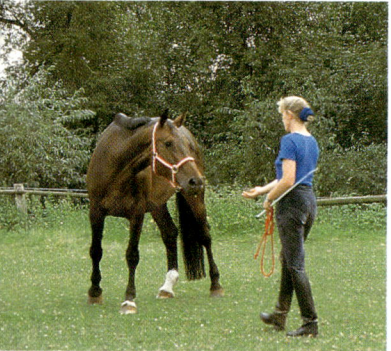

Meist wird es sich Ihnen bereitwillig zuwenden

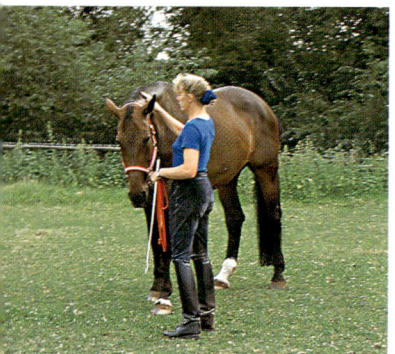

Klinken Sie zum Führen immer einen Strick ins Halfter

EINFANGEN AUF DER WEIDE Das alles klingt einfach und ist es auch – wenn das Pferd mitspielt! Nun hat es in der Box nur geringe Chancen, dem Menschen zu entkommen. Auf der Weide ist es jedoch kaum möglich, an ein Pferd heranzukommen, das sich nicht einfangen lassen will. Insofern ist es wichtig, daß Sie sich gleich im richtigen Stil nähern: Gehen Sie entschlossen, aber ohne Eile von vorne-seitwärts auf das Pferd zu, und sprechen Sie es dabei an. Ist es allein auf der Weide, so geben Sie ihm einen Begrüßungsleckerbissen. Falls nicht, verschieben Sie das besser auf später, denn sonst könnten Sie sich plötzlich in einer Traube naschsüchtiger und rauflustiger Pferde wiederfinden. Wenn Sie mit dem Pferd, das Sie holen wollen, nicht vertraut sind und es Ihnen mit hochgenommenem Kopf etwas alarmiert entgegengesehen hat, legen Sie ihm vielleicht zuerst den Strick um den Hals, bevor Sie das Halfter anlegen. Im Zweifelsfall würden Sie es daran zwar nicht halten können, aber bei den meisten Pferden genügt das Gefühl, angebunden zu sein, um sie am Weglaufen im letzten Moment zu hindern.

Sollte das Pferd jedoch nicht abwarten, bis Sie zu ihm kommen, sondern bei der geringsten Annäherung flüchten, so haben Sie ein Problem. Rennen Sie dem Pferd jetzt auf keinen Fall hinterher. Versuchen Sie es lieber mit einer Futterschüssel. Ein Pferd, das nur wegläuft, weil es keine Lust zum Arbeiten hat oder seinen Besitzer foppen will, läßt sich dadurch fast immer überlisten. Ein weiterer Trick ist, zunächst alle anderen Pferde einzufangen und von der Weide zu holen. Dann läßt sich auch das Problempferd meist greifen, denn kaum ein Pferd bleibt gern allein. Klappt all das nicht, so liegen meist ernstere Gründe für die Flucht des Pferdes vor als Spielerei. Überlegen Sie sich, ob Sie ein solches Pferd, das bestimmt schon negative Erfahrungen mit Menschen gesammelt hat, wirklich reiten wollen. Die meisten dieser Pferde ergeben sich zwar in ihr Schicksal, wenn man sie endlich gefangen hat, aber mitunter erweisen sie sich auch unter dem Sattel als schwierig.

▶ Richtig führen und anbinden

Ein erwachsenes Pferd sollte sich am Stallhalfter problemlos führen lassen. Das ist allerdings keine Selbstverständlichkeit, denn wenn das Pferd wollte, könnte es sich leicht losreißen und seinen Weg allein suchen. Solche Befreiungsaktionen sind natürlich auch an der Trense, einer Führkette oder einem Kappzaum möglich, denn das Pferd ist letztlich immer stärker als der Mensch. Das weiche Stallhalfter setzt ihm aber besonders wenig Druck entgegen. Mitgehen ohne Temperamentsausbrüche gehört deshalb zu den wichtigsten Lerninhalten für ein junges Pferd, und manchmal muß man diese Lektion auch beim erwachsenen Pferd noch nachholen und üben.

Befestigen Sie zum Führen eines Pferdes immer einen Strick am Ring unterhalb des Pferdekinns. Zum Führen ins Halfter zu fassen, wirkt unprofessionell und ist zudem gefährlich: Ein Ruck, und Sie sind das Pferd los. Fassen Sie den Führstrick nun mit der rechten Hand etwa eine Handbreit unter dem Pferdekopf. Das andere Ende des Strickes nehmen Sie in die linke Hand. Dazu

Die korrekte Gerten-haltung beim Führen

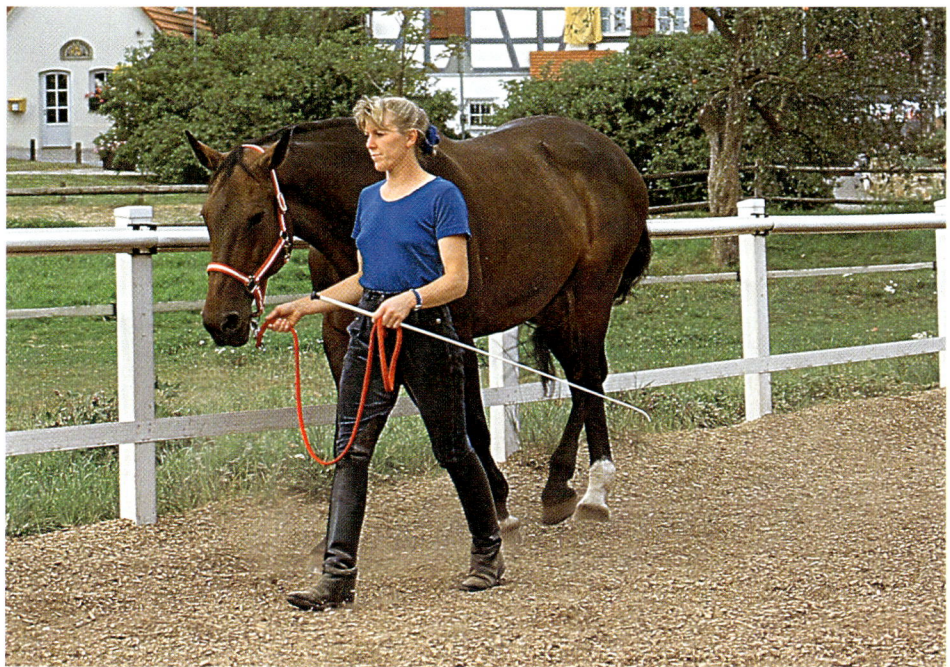

Spaziergänge mit dem Pferd an der Hand schaffen Abwechslung

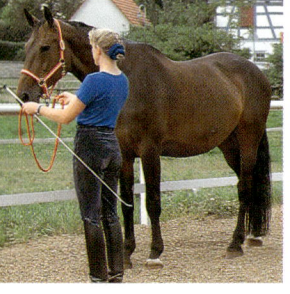

Zum Anhalten schieben Sie den Gertenknauf vor die Pferdenase

legen Sie es in Schlaufen, schlingen es aber nie um die Hand. Ein Pferd, das wegspringt, weil es zum Beispiel vor etwas scheut, kann Ihnen sonst die Finger brechen oder gar abreißen. In die linke Hand gehört auch die Gerte, falls Sie mit einem jungen oder schwierigen Pferd arbeiten.

Beim korrekten Führen geht das Pferd am lockeren Führstrick neben dem Menschen her. Wenn Sie sehr gut mit ihm vertraut sind oder längere Spaziergänge mit ihm unternehmen wollen, können Sie es auch einfach hinterherlaufen lassen. Es darf aber auf keinen Fall vorstürmen und ständig schneller sein wollen als der Mensch, und es darf nicht bummeln und sich ziehen lassen. Fressen zwischendurch ist selbstverständlich auch verboten. Haben Sie nun ein Pferd, das entweder ständig pullt oder sich von jedem Grasbüschel verführen läßt, so können Sie zunächst eine Gerte zu Hilfe nehmen. Ein noch besseres Ergebnis erreichen Sie zwar mit Gerte und Führkette, aber eine solche Kette ist nicht in jedem Stall gleich zur Hand. Mit der Gerte können Sie das Pferd im Bedarfsfall verhalten oder durch Touchieren des Hinterschenkels treiben, Sie brauchen sie also sowohl beim Puller als auch beim phlegmatischen Pferd.

Ein weiteres Alltagsproblem im Umgang mit Pferden ist das Anbinden. Bevor Sie Ihr Pferd irgendwo anbinden, schauen Sie nach, ob der Anbindeplatz geeignet ist! Das Pferd sollte nicht die Möglichkeit haben, aus Langeweile irgend etwas herunter zu werfen oder irgendwo hineinzufallen, wenn es unruhig hin und her tritt. Auf gar keinen Fall darf es an beweglichen Gegenständen angebunden werden.

In den meisten Reitställen gibt es pferdesichere Anbinderinge, die z. B. fest in die Wände eingelassen sind. Auch sie haben jedoch ihre Tücken. Falls ein Pferd hier nämlich erschrickt und zurückzerrt, sich aber nicht befreien kann, so kann es fallen und sich verletzen. Man verhindert dies durch die Verwendung von Anbindestricken mit Panikhaken. Diese Spezialhaken öffnen sich bei starkem Zug. Zudem sollten Sie das Pferd immer mittels eines Sicherheitsknotens anbinden. Der zieht sich nicht fest, sondern läßt sich im Notfall mit einem Handgriff lösen. Die einfachste Sicherungsmethode ist außerdem ein Strohbändchen, das als Sollbruchstelle zwischen Halfter und Anbindestrick angebracht wird. Bewährt hat sich eine Anbindelänge von ca. 60 cm zwischen Halfter und Anbinder.

An gefährliche und scheuträchtige Situationen gewöhnt man das Pferd am besten an der Hand

Ein Sicherheitsknoten

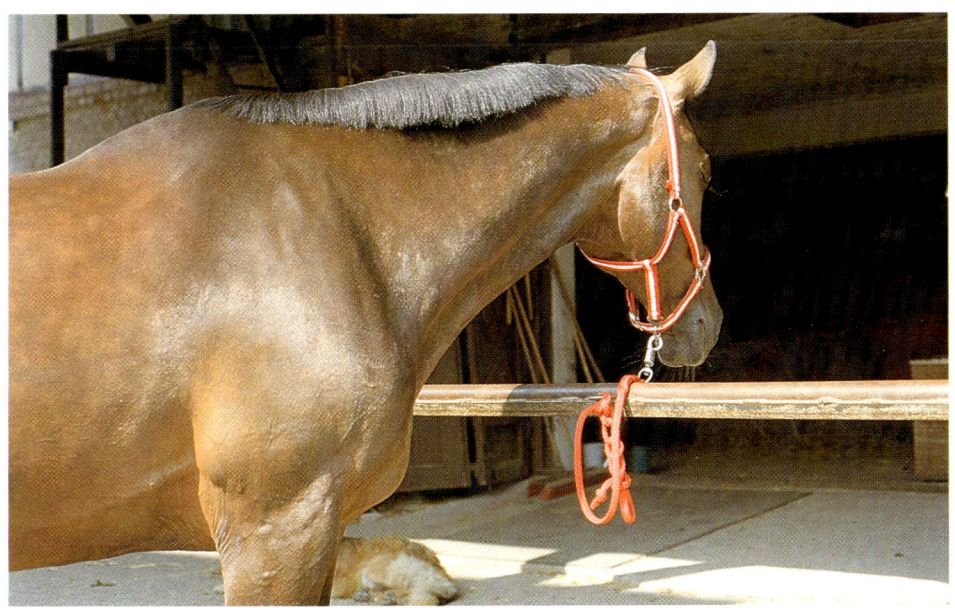

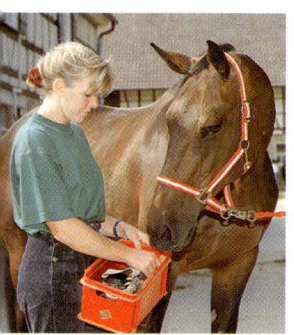

Interesse am Inhalt
der Putzkiste

▶ Putzen – Wohltat für Fell und Psyche

Wie gründlich und mit welchen Putzgeräten man ein Pferd säubert, hängt von der Art seiner Haltung und von der Jahreszeit ab. Im kurzen Sommerfell sind zum Beispiel viele Pferde kitzelig und empfindlich und wehren sich gegen eine harte Bürste. Im Winter genießen sie dagegen intensives Striegeln. Ein Offenstallpferd muß nicht so oft und so gründlich geputzt werden wie ein Boxenpferd. Es braucht etwas Staub und Fett im Fell als Schutz gegen Kälte und Nässe. Außerdem hat es meist einen oder mehrere Artgenossen bei sich, mit denen es soziale Fellpflege betreiben kann. Stallpferde sind dagegen auf die Zuwendung ihrer menschlichen Pfleger angewiesen. Gerade bei der Beschäftigung mit dem Boxenpferd sollten Sie deshalb daran denken, daß Putzen nicht nur Sauberkeit be-

▶ Modetrends – schick für Schau und Turnier

Verschiedene Rassen, verschiedene Moden – Einblicke in die Trends:

▶ **WARMBLÜTER IM TURNIERSPORT:** Die Mähne sollte gekürzt und zu Zöpfchen geflochten werden, die man dann zu »Affenschaukeln« zusammenfaßt. Beim Schweif werden die Deckhaare eingeflochten.

▶ **FJORDPFERDE:** Hier wünscht man sich eine Stehmähne. Da die Pferde meist über eine zweifarbige Mähne verfügen, kürzt man die äußeren, dunklen Haare etwas stärker als die mittleren, hellen, was einen interessanten Effekt ergibt. Der Schweif bleibt naturbelassen.

▶ **TENNESSEE WALKER, SADDLER:** Hinter den Ohren werden etwa 10 cm Mähne abgeschoren, eine Strähne dahinter flicht man ein. Auch das Stirnhaar wird geflochten, wobei man farbige Bänder einfügt, die zum Stirnband und zum Outfit des Reiters passen.

▶ **IBERISCHE PFERDE:** Hengste tragen das Haar offen oder zu einem dicken Zopf auf dem Mähnenkamm verflochten. Das hat den Vorteil, daß einem die Mähne nicht ständig in die Quere kommt, wenn man die Zügel nachfaßt. Bei Veranstaltungen wird die Frisur dann oft noch durch breite Bänder aufgepeppt. Stuten und Fohlen schert man die Mähnen in den Ursprungsländern meist ab.

deutet, sondern auch eine soziale Funktion hat. Ein schneller Griff nach dem Pferdestaubsauger mag praktisch sein, aber eine ausgiebige Putz- und Schmusestunde ist letztlich nicht nur angenehmer, sondern auch effektiver. Sie wirkt entspannend und lockert Reiter und Pferd vor der Reitstunde.

ZUBEHÖR Zum Putzen benötigen Sie ein Putzzeugset, bestehend aus Striegel, Kardätsche, Wurzelbürste, Hufkratzer und Mähnenkamm. Außerdem gehören ein Schwamm zum Auswischen der Augenwinkel und der Nüstern und ein weiterer zur Reinigung von After und Geschlechtsorganen dazu.

Striegel gibt es aus Metall, Kunststoff oder weichem Gummi. Für welchen davon Sie sich entscheiden, hängt hauptsächlich von der Sensibilität des Pferdes ab. Viele empfindliche Pferde mögen zum Beispiel den »Finnenstriegel« oder »Nadelstriegel« aus Kunststoff besonders gern. Bei extremen Sensibelchen tut es auch ein Kaktustuch oder Putzhandschuh.

Auch die Wahl der Kardätsche, der traditionellen Putzbürste, sollte sich an der Hautempfindlichkeit des Pferdes orientieren. Zusätzlich entscheidet die Fellstruktur darüber, ob man eine harte oder weiche, feine oder grobe Kardätsche vorzieht. Bei Robustpferden im Winterfell ist es manchmal angebracht, gleich zur Wurzelbürste zu greifen. Ansonsten benötigt man die harten Bürsten vor allem zur Reinigung der Hufe, die man manchmal kräftig scheuern muß, bevor man sie einfettet oder teert.

Den Hufkratzer wählen Sie grundsätzlich aus Metall. Die Kunststoffmodelle entfernen den Schmutz nur unter größter Kraftanstrengung und brechen auch leicht.

Vor und nach dem Reiten werden die Nüstern ausgewischt

Kombinationen aus Hufkratzer und Mähnenkamm sind ebenfalls nicht zu empfehlen. Wer will seinem Pferd schon den Mist, den er gerade aus den Hufen gekratzt hat, in die Mähne schmieren? Die Verbindung von Hufkratzer und kleiner Hufbürste in einem handlichen Gerät ist dagegen eine gute Idee.

Ein grobzinkiger Mähnenkamm dient der Haarpflege bei Pferden mit empfindlichem Mähnenhaar, das leicht ausgeht. Zum Einflechten der Mähne vor besonderen Anlässen und zum »Verziehen« der Mähne nimmt man feinere Kämme. Sehr dichtes Ponylanghaar kann man auch mit einer Bürste bearbeiten.

Der Schweif wird
nicht gekämmt,
sondern »verlesen«

Praktisch: Hufräumer
mit Hufbürste

Pferdefreundlich:
Gummistriegel

DAS PUTZEN Der erste Putzdurchgang ist das Striegeln. Striegeln wirkt massierend und befreit das Fell vom gröbsten Schmutz. Am besten beginnen Sie damit am Hals des Pferdes und arbeiten sich dann langsam nach hinten. Das Pferd sollte dabei ruhig stehen und die Massage genießen. Tut es das nicht, so suchen Sie besser nach den Ursachen, als das Tier zu tadeln oder gar anzuschreien. Es ist verständlich, daß Sie nervös werden und sich ärgern, wenn das Pferd beim Putzen unruhig herumtanzt. Heftige Reaktionen nützen aber gar nichts, sie regen das Pferd nur noch mehr auf. Mögliche Gründe für Unruhe beim Putzen sind extreme Hautempfindlichkeit. Dagegen hilft ein weicherer Striegel. Kitzeligkeit – vielleicht haben Sie den Striegel etwas zu zaghaft gehandhabt? Allgemeine Nervosität und Unsicherheit – die kann zum Beispiel dadurch verursacht sein, daß man das Pferd zum Putzen von seinen Kameraden getrennt hat.

Nach dem Striegeln bürsten Sie mit der Kardätsche den Staub aus dem Pferdefell. Nehmen Sie die Bürste dazu in die rechte Hand und den Striegel in die linke und bürsten das Fell mit dem Strich. Nach ein oder zwei Bürstenstrichen streifen Sie den Staub jeweils am Striegel ab. Der wird dann regelmäßig auf dem Boden ausgeklopft. Auf diese Weise reinigen Sie das Pferd so weit, daß sein Fell nirgendwo verklebt bleibt und möglichst glänzt. Viele Pferde zeigen Ihnen übrigens sehr genau an, wann sie die Behandlung mit Striegel und Bürste genießen. Ihre Oberlippe wird dann immer länger, und gelegentlich zuckt sie ekstatisch. Oft weist Sie das Pferd auch auf noch juckende Fellstellen hin, indem es versucht, sich selbst da zu kratzen. Beide Verhaltensweisen gehören in den Bereich der sozialen Fellpflege, ebenso wie der gelegentliche Versuch sehr menschenfreundlicher Pferde, ihren Pfleger ihrerseits zu kraulen. Sie sollten sie dafür nicht strafen, die Sache aber freundlich unterbinden, bevor sie die Zähne zu Hilfe nehmen.

Als nächstes kämmen oder bürsten Sie die Mähne des Pferdes, möglichst vorsichtig, damit keine Haare herausgerissen werden. Der Schweif des Pferdes wird meist nicht gebürstet, sondern Strähne für Strähne mit der Hand verlesen und dabei Stroh oder Einstreureste entfernt. Bei dicken Ponyschweifen kann sich das allerdings zu einer abendfüllenden Angelegenheit auswachsen. Niemand wird Ihnen verübeln, wenn Sie hier doch zum Finnenstriegel oder zur Wurzelbürste greifen.

Vor besonderen Anlässen wie Zuchtschauen und Turnieren sollten Sie das ganze Pferd oder nur Mähne und Schweif waschen. Für den ganzen Körper nehmen Sie am besten ein Spezialshampoo, das rückfettend wirkt. Für Mähne und Schweif tut es auch ein preiswertes Shampoo aus dem Supermarkt. Bei sehr sprödem und schwer kämmbarem Mähnenhaar können Sie auch ruhig mal zu einer Spülung greifen. Ihre Mitreiter werden Sie auslachen, aber der Effekt beim Kämmen nach der Wäsche ist unübersehbar!

Schwämme und Putzhandschuh

Umgang mit Striegel und Kardätsche

Das Einreiben des sauberen, trockenen Hufes mit einer aufgeschnittenen Zwiebel vor dem Auftritt bei einer Schau oder einem Turnierstart sorgt für mindestens so schönen Glanz wie das Einreiben mit Huffett. Zudem entsteht hier kein Fettfilm, an dem Sand oder anderer Reitplatzbelag kleben bleiben kann.

▶ Die Hufpflege

Der Pferdehuf besteht aus Horn und gleicht damit unseren Fingernägeln. Er ist aber nicht gänzlich starr, sondern durchaus elastisch. So spreizt er zum Beispiel beim Aufsetzen im hinteren Bereich ein wenig auseinander und zieht sich beim Abheben wieder zusammen. Dafür sorgt der Strahl, das keilförmige Mittelstück des Hufes, zusammen mit den Hufknorpeln. Das Horn des Strahls ist deutlich weicher als das Horn im äußeren Bereich. Das Pferd spürt hier auch, wenn es auf etwas Hartes tritt.

Bei der Pflege der Hufe ist nun darauf zu achten, sowohl die Festigkeit als auch die Elastizität des Horns zu erhalten. Der Huf sollte nicht zu sehr austrocknen, aber auch nicht schwammig und faulig werden. Letzteres passiert vor allem dann, wenn sich Stallmist in den Strahlfurchen festsetzt. Insofern gehört die Reinigung der Hufunterseite von Mist und Schmutz besonders beim Stallpferd zum täglichen Pflegeprogramm.

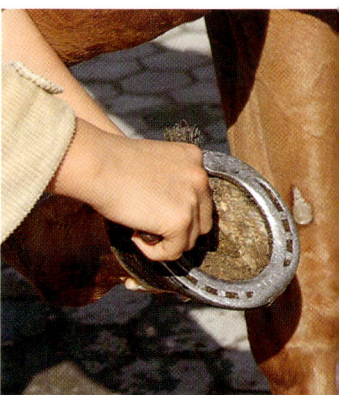

Auskratzen der Strahlfurchen

Zum Reinigen der Vorderhufe stellen Sie sich mit dem Rücken zum Pferdekopf neben ein Vorderbein. Mit der dem Pferd zugewandten Hand greifen Sie an die Fessel und sagen deutlich und auffordernd: »Fuß!« oder »Huf!«. Falls das Pferd darauf nicht reagiert und den Huf nicht hebt, so versuchen Sie es noch mal und lehnen sich dabei gegen die Schulter des Pferdes. Damit fordern Sie es auf, sein Gewicht auf das andere Vorderbein zu verlagern. Hebt es nun den Huf, so kratzen Sie mit dem Hufräumer Mist, Schmutz und Steinchen aus den Strahlfurchen.

Die Reinigung der Hinterhufe erfolgt nach ähnlichem Muster. Sie stehen dicht neben der Kruppe, strei-

Hufreinigung mit der
Wurzelbürste

Gründliche Reinigung mit Wasser

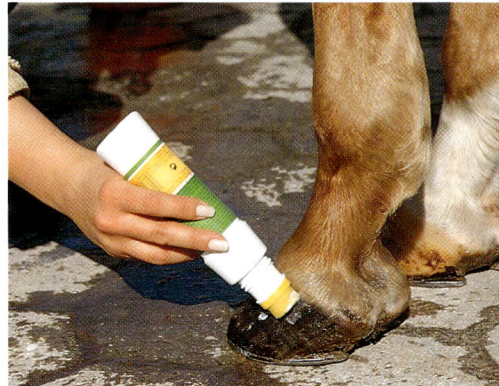
Einfetten danach hält die Feuchtigkeit im Huf

chen am Bein entlang bis zur Fessel und ziehen das Bein dann nach hinten heraus. Während der Hufpflege stützen Sie es mit Ihrem Knie. Bei phlegmatischen Pferden hilft auch hier der Trick mit dem Anlehnen. Bei nervösen Tieren ist es wichtig, Gelassenheit und Sicherheit auszustrahlen. Wenn ein Pferd Ihnen einen Huf gibt, zeigt es damit ein gewisses Vertrauen. Nähern Sie sich ihm unsicher oder gar ängstlich, so gibt es keinen Grund für das Pferd, Ihnen dieses Vertrauen entgegenzubringen.

Achten Sie beim Hufereinigen immer darauf, neben dem Pferd und nicht hinter ihm zu stehen, damit es Sie nicht verletzen kann, wenn es den Huf doch einmal wegreißt oder damit zuckt. Vorsicht bei Pferden, die gezielt nach ihrem Pfleger ausschlagen! Es braucht einiges an Erfahrung, um hier die Gefahren abschätzen zu können.

Bei Stallpferden sollten die Hufe neben dem einfachen Auskratzen auch möglichst häufig ausgewaschen und mit der Wurzelbürste geschrubbt werden. Anschließendes Fetten oder Teeren hält dann die Feuchtigkeit im Huf, wobei Teeren dem Fetten vorzuziehen ist. Auf keinen Fall sollten Sie die Hufe Ihres Pferdes einfetten, ohne sie vorher gewaschen zu haben. Das Fett verschließt sonst die Poren und hindert den Huf, Feuchtigkeit aufzunehmen. Während man Huffett auch auf dem äußeren Hornschuh verteilen kann, damit die Hufe glänzen, wird Hufteer nur auf der Hufunterseite aufgebracht. Er hat leicht desinfizierende Wirkung und beugt damit Huffäule vor.

▶ Der Hufbeschlag – Aufgabe für Fachleute

Wenn Sie Ihr Pferd mehr als ein- oder zweimal in der Woche reiten und sich dabei nicht auf extrem kurze Strecken im Schritt beschränken, braucht es höchstwahrscheinlich einen Hufschutz. Sie haben dabei die Wahl zwischen dem traditionellen Beschlag mit Hufeisen oder modernem Kunststoffhufschutz – genagelt oder geklebt. Viele Reiter ziehen letzteren vor, weil er angeblich den Hufmechanismus, also die ständige Bewegung im Huf weniger behindert. Unter Hufschmieden ist das umstritten, aber die Kunststoff»eisen« haben sich inzwischen tausendfach bewährt, und es ist folglich nur noch eine Frage der persönlichen Vorliebe, zu welcher Lösung ein Pferdebesitzer tendiert. Schmiede empfehlen aber auch beim Kunststoffhufschutz die Modelle zum Aufnageln. Geklebter Hufschutz geht einfach häufiger verloren, und auch die Idee der Hufschuhe, die man dem Pferd nur während des Reitens überzieht, bewährt sich in der Praxis nur bei wenigen Ausnahmen, meist bei Pferden mit außerordentlich korrekter, natürlicher Hufstellung.

Wofür man sich aber auch immer entscheidet: Alle sechs bis acht Wochen muß jedes Pferd dem Schmied vorgestellt werden, auch ein junges und noch unbeschlagenes Tier. Der Fachmann beurteilt

Zunächst müssen
die alten Eisen
entfernt werden

dabei, ob orthopädische Korrekturen bezüglich der Hufstellung vorgenommen werden müssen. Zu lange Hufe werden gekürzt, normal abgenutzte mit der Feile berundet, um kleine Hornrisse oder Absplitterungen auszugleichen. Erwachsene Reitpferde erhalten einen neuen Hufbeschlag.

Dazu entfernt der Schmied zunächst die alten Eisen, indem er Nägel lockert und die Eisen abzieht. Manche Pferde mögen diesen starken Zug am Huf nicht. Es ist dann sinnvoller, die Nägel einzeln zu entfernen, um die Tiere nicht unnötig aufzuregen.

Danach wird der Huf ausgeschnitten, also gekürzt, in seiner Stellung korrigiert und berundet. All das ist hier noch wichtiger als beim jungen und unbeschlagenen Pferd, denn unter dem Hufeisen ist das Horn ja weiter gewachsen, ohne sich auf natürliche Weise abzunutzen.

Als nächstes werden größenmäßig passende Hufeisen – oft kann man den alten Beschlag noch einmal verwenden – heißgemacht und dem Pferd aufgebrannt. Damit werden sie dem Huf hundertprozentig angepaßt. Dem Pferd tut das Ganze wirklich nicht weh. Wenn es sich im Einzelfall davor fürchtet, so lediglich deshalb, weil es mit ungeduldigen Schmieden schlechte Erfahrungen gemacht hat und nun Schläge oder Schreie mit dem Geruch des verbrennenden Horns verbindet.

Sind alle Eisen angepaßt, so erfolgt der wichtige Arbeitsgang des Aufschlagens. Die Eisen werden mit vier bis acht Nägeln am Huf fixiert, wobei moderne Schmiede versuchen, mit so wenig wie möglich auszukommen, um den Hufmechanismus zu erhalten. Wenn alle Nägel sitzen, wird der Huf des Pferdes auf den Bock gesetzt. Der Schmied schneidet nun die Nagelspitzen, die oben aus der Hufwand ragen, ab und »versenkt« sie. Das heißt, er nietet sie um. Das letzte Raspeln ist dann nur noch Schönheitspflege.

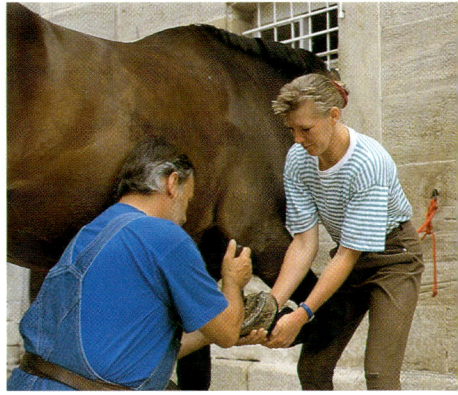

Ausschneiden des Hufes

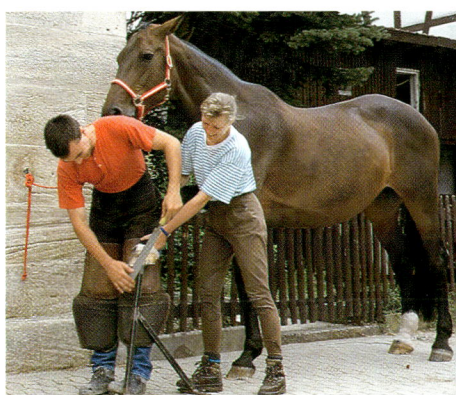

Auf dem Schmiedebock

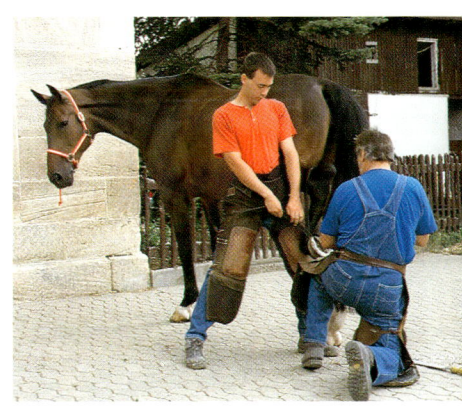

Ein Eisen will genau angepaßt sein

▶ Entspannung nach dem Reiten

Unser Freizeitpartner Pferd braucht auch nach dem Ausritt oder der Dressurstunde ein bißchen Zuwendung und Pflege. Das fängt damit an, daß wir die gemeinsame Arbeit nicht abrupt beenden, sondern langsam ausklingen lassen. Bei einem Ausritt reitet man den letzten Kilometer Schritt, und auch in der Reithalle sind ein paar Runden Schritt am langen Zügel nach der letzten Lektion angebracht. Wenn eben möglich, sollten Reiter und Pferd die Stunde in gutem Einvernehmen beschließen. Dressurstunden beendet man deshalb am besten mit einer Lektion, die das Pferd gut kann, und lobt es dafür ausgiebig.

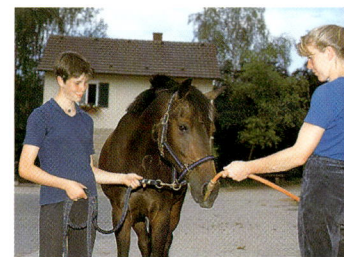

Mit dem Schlauch zum Abspritzen muß das Pferd zunächst vertraut gemacht werden

Kommt man dann zurück in den Stall oder auf den Putz- und Sattelplatz, so wird das Pferd zunächst abgesattelt und am Stallhalfter angebunden. Falls es kalt ist, werfen Sie ihm rasch eine Decke über. Pferde erkälten sich leicht, wenn sie auch nur kurze Zeit verschwitzt im Luftzug stehen. Ein Leckerbissen verkürzt Ihrem Pferd die Zeit, während Sie ihm die Hufe auskratzen sowie Augen und Nüstern mit einem feuchten Schwamm auswischen. Letzteres ist besonders wichtig, wenn in der Reithalle gearbeitet wurde oder der Ausritt durch staubige Gegenden führte. Sie wissen selbst, wieviel Hallenstaub Sie im Taschentuch wiederfinden, wenn Sie sich nach der Reitstunde die Nase putzen!

Im Sommer ist es statt dessen sinnvoll, das Pferd nach dem Reiten mit Wasser abzuspritzen oder abzuwaschen. Die meisten Pferde schätzen diese Dusche sehr, aber am Anfang müssen sie mit etwas Geduld daran herangeführt werden. Das fängt mit der Gewöhnung an den schlangenförmigen, beweglichen Schlauch an und hört mit dem Abspritzen der Hinterbeine auf. Letzteres beunruhigt das Pferd leicht, denn es kann nicht sehen, was wir dabei mit ihm anstellen. Beginnen Sie deshalb grundsätzlich an der Schulter des Pferdes mit dem Abspritzen und arbeiten Sie sich langsam nach hinten. An kühleren Tagen genügt es auch, einfach die Beine abzuwaschen. Eine solche »Kneippkur« nach dem Ritt ist hervorragend für die Sehnen. Zusätzliches Auftragen von Kühl-gel ist dagegen im Normalfall nicht notwendig. Nach sehr an-strengenden Ritten kann es eher sinnvoll sein, die Beine für ein paar Stunden mit Baumwollbandagen zu versehen. Viele Di-stanzreiter schwören auch darauf, die Pferdebeine einige Zeit lang in Eimer mit kaltem Wasser zu stellen. Das will allerdings geübt sein. Und nicht jedes Pferd schafft es, mehr als wenige Minuten absolut still zu stehen und die Eimer nicht umzuwerfen.

Interessiert beschnuppert das Pferd den Schlauch

»Huch, da kommt ja Wasser raus!«

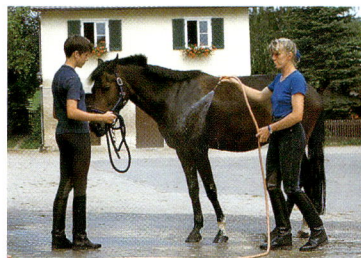

Nichts geht über eine Dusche nach dem Ritt

Nach dem Duschen wird das Wasser mit einem Schweiß-messer aus dem Fell gezogen – oder Sie lassen das Pferd gleich zum Wälzen auf die Weide. Es wird anschließend schnell in der Sonne trocknen.

Im Winter deckt man das Pferd gewöhnlich für längere Zeit ein, wenn es geschwitzt hat. Natürlich versucht man sein Reit-pferd gerade in der kalten Jahreszeit so trocken wie möglich in den Stall zurückzubringen. Besonders bei Robustpferden im Win-terfell ist das aber kaum möglich. Unter ihrem dichten Pelz wird es selbst bei Schrittausritten ziemlich warm, und oft schwitzen sie nach der Arbeit noch nach. Die Idee, sie unter einer leichten Decke trockenzuführen oder trockenzureiten, können Sie also ge-trost vergessen. Eine bewährte Lösung ist dagegen, sie kurz mit einem Finnenstriegel oder einer Wurzelbürste überzustriegeln, um verklebte Fellstellen aufzulockern. Ideal wäre es, sie sich jetzt noch in trockenem Sägemehl wälzen zu lassen, bevor man sie mit einer dicken Decke versieht, aber das ist in vielen Ställen nicht möglich. Also legt man ihnen gleich eine warme, eventuell re-gendichte Decke auf, die mehrere Stunden auf dem Pferd bleibt.

Ausrüstung
für Reiter
und Pferd

Es ist wichtig zu wissen, was Reiter und Pferd für die Ausrüstung ihres Sports brauchen und warum sie es brauchen. Gerade was die Ausrüstung für den Vierbeiner angeht, herrscht häufig Unklarheit darüber, welche Anschaffungen wichtig sind und wie all das wirkt, was wir dem Pferd da aufschnallen und ins Maul hängen.

Kenntnisse über diese Dinge benötigen Sie übrigens nicht nur, wenn Sie daran denken, sich ein eigenes Pferd zuzulegen. Auch dem Schulpferdereiter helfen sie beim Erlernen der Sportart und beim Verstehen des vierbeinigen Partners. Was passiert zum Beispiel im Pferdemaul, wenn Sie den Zügel annehmen? Warum finden Sie in dem einen Sattel mehr Halt als im anderen? Das sind wichtige Fragen, die im Reitunterricht manchmal nicht ausreichend beantwortet werden.

Darüber hinaus erfahren Sie, wie man dem Pferd Sattel und Zaumzeug fachgerecht anlegt – und wie man all das Lederzeug reinigt und pflegt. Was teuer ist, soll schließlich lange halten.

Praktisch und nützlich – das richtige Zubehör

▶ Erstausstattung für den Reiter

Reiten, das sei einmal vorausgeschickt, ist keine Frage der Hosenmarke. Letztlich bringt Ihr Geschick bei der Hilfengebung das Pferd in Gang, nicht Ihr Stiefel oder gar Ihr Sporn. Ein paar spezielle Kleidungsstücke sind jedoch angebracht.

Als erstes hätten wir da die Reithose. Sie unterscheidet sich dadurch von anderen Hosen, daß sie am Gesäß und an der Innenseite der Beine, also überall da, wo der Träger mit dem Pferd in Berührung kommt, keine Nähte aufweist. Außerdem hat sie innen am Knie einen Leder- oder Stoffbesatz, manchmal ist auch das Gesäß zusätzlich geschützt. Das alles zielt darauf, Scheuerstellen zu vermeiden, die man sich besonders bei Verwendung eines normalen Vielseitigkeits- oder Trachtensattels leicht zuzieht. Die Reithose ist also eine sinnvolle Anschaffung, aber als Anfänger brauchen Sie nicht gleich zum teuersten Modell mit Ganzlederbesatz zu greifen. Für die allerersten »Schnupper-

Turnierausrüstung für Fortgeschrittene – Reitanfänger brauchen weder Sporen noch weiße Handschuhe

Reitstunden« tun es auch Leggins oder eine Jeans. Später können Sie sich dann für eine teurere Variante entscheiden.

Auch der lange Schaft des Reitstiefels zielt auf Vermeidung von Scheuerstellen. Die Wade reibt nämlich leicht am Steigbügelriemen. Dazu sitzt der Reitstiefel enger am Fuß als ein gewöhnlicher Gummistiefel – man bleibt bei einem Sturz nicht so leicht im Steigbügel hängen. Reitstiefel gibt es aus Gummi oder Leder, wobei letztere recht teuer sind.

Während jeder Reitanfänger gern Stiefel und Hosen kauft, drücken sich viele um die Anschaffung einer Reitkappe. Für Ihre Sicherheit ist eine hochwertige Kappe aber unbedingt notwendig und im Reitunterricht schon aus Versicherungsgründen Pflicht. Es ist sinnvoll, sich selbst eine zu kaufen, statt eine der Leihkappen des Reitstalls zu verwenden. Wenn die Kappe richtig sitzt, ist sie nämlich bequemer und bietet mehr Sicherheit.

Sinnvolle Anschaffungen sind weiterhin eine lange Dressurgerte für mehr Nachdruck Ihrer Anweisungen an das Pferd sowie ein paar Reithandschuhe.

▶ Brauchen Sie Sporen?

»Sporen muß man sich verdienen!« sagt eine alte Reiterweisheit, und sie ist nach wie vor aktuell. Am Bein des Reitanfängers haben Sporen nichts verloren, sie gehören allenfalls an den Stiefel des fortgeschrittenen Dressur- oder Westernreiters, der damit seine Hilfengebung bei schwierigen Lektionen verfeinern kann. Er sollte seine Beine genügend ruhig halten können, um die Sporen stets mit Vorsicht einzusetzen und das Pferd damit zu kitzeln, nicht zu stechen. Im reiterlichen Alltag erweist sich das natürlich als graue Theorie. Mißbräuchliche Anwendung von Sporen ist leider keineswegs eine Ausnahme. Sowohl im konventionellen Sport als auch im Westernriding dient massiver Sporeneinsatz häufig als Strafmaßnahme.

Im Dressur- und Springsport verwendet man grundsätzlich kleine Sporen: runde, eckige oder solche mit Rädchen. Westernreiter bevorzugen große Rädchensporen, die deutlich schärfer aussehen, es aber in der Praxis nicht unbedingt sind. Sie wirken eher milder als kleine Dorn- oder gar kleine Rädchensporen.

▶ Der richtige Sattel

Welchen Sattel und welche Zäumung man seinem Pferd zum Reiten anlegt, hängt von vielen Dingen ab, zum Beispiel vom Körperbau und vom Ausbildungsstand des Pferdes. Auch das Können des Reiters sollte eine wichtige Rolle spielen und natürlich
die Reitweise oder die reitsportliche Disziplin, für die das Pferd
»angezogen« wird.

Ihr Schulpferd im Reitstall trägt gewöhnlich einen Vielseitigkeitssattel. Er heißt so, weil er sowohl zum Dressurreiten als
auch zum Springen verwendbar ist. Sofern er gut paßt, kann man
darin auch Distanz- und Wanderritte unternehmen. Der Vielseitigkeitssattel ermöglicht ein Aussitzen der Pferdebewegungen
oder auch den »Leichten Sitz«, den man beim Springen oder beim
Galopp im Gelände einnimmt.

Wer sich auf Dressurreiten oder Springen spezialisieren will,
entscheidet sich allerdings meist für einen Spezialsattel. Beim
Dressursattel ist das Sattelblatt länger, und die Pauschen sind dün-
ner als beim Vielseitigkeitssattel. Beim Spring-
sattel sind die Pauschen zum Teil extrem
verstärkt, um den Knien des Reiters
mehr Stütze zu geben. Auch für an-

**Alles fertig
zum Ausritt**

dere Spezialdisziplinen im Reitsport wie etwa Gangpferdereiten und Distanzreiten gibt es inzwischen besondere Sättel. Angeblich erleichtern sie Reiter und Pferd die Ausübung ihrer Sportarten – manche Modelle machen aber eher den Eindruck, als nützten sie hauptsächlich der Brieftasche des Herstellers!

Wichtiger als jegliche Spezialisierung ist ohnehin die Paßform des Sattels. Ein schlecht sitzender Sattel wirkt wie ein drückender Schuh: Er verursacht Blasen und Scheuerstellen, den sogenannten

Freizeitreiter mögen
es oft etwas legerer

Satteldruck. Nun wissen wir alle, zum Beispiel vom Tragen schwerer Schultertaschen, daß sich Gewicht leichter schleppen läßt, wenn man es auf eine größere Körperfläche verteilt. Das trifft auch auf die Tragarbeit des Pferdes zu. Sättel mit größerer Auflagefläche erleichtern ihm den Umgang mit dem Reiter erheblich. Besonders für kleine Pferde, die schwere Reiter tragen, ist deshalb ein Trachtensattel angebrachter als ein normaler Vielseitigkeitssattel. Er verteilt das Gewicht besser auf dem Pferderücken.

Aus dem gleichen Grund bevorzugen viele Freizeitreiter einen Westernsattel, selbst dann, wenn sie nicht im Westernstil reiten. Der Sattel ist zwar schwerer als ein gebräuchliches Modell, wird aber von vielen Pferden als bequemer empfunden. Auch das Reitergesäß ist darin oft komfortabler untergebracht als in anderen Sätteln. Darüber schmunzeln Sie jetzt wahrscheinlich, aber für Ihr reiterliches Fortkommen ist es durchaus wichtig, daß auch Ihnen der Sattel paßt. Letztlich müssen sich Reiter und Pferd gleichermaßen wohlfühlen.

Die Sättel, denen man gemeinhin begegnet, werden in der Reitersprache übrigens »Englische Sättel« genannt.

Zum Sattel gehören Steigbügel und Steigbügelriemen. Letztere wählt man natürlich aus besonders gutem, dickem Leder. Beim Westernreiten heißen sie »Fender« und sind besonders breit. Die

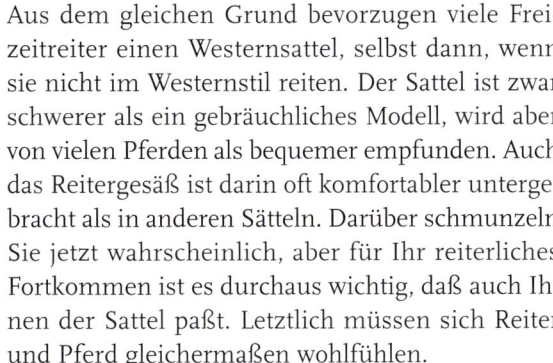

Der Western-
sattel

Ein dickes Pad
schützt den
Pferderücken

Wade kann daran nicht scheuern, und der Westernreiter braucht folglich keine Reitstiefel mit extra hohem Schaft. Kleine Ursache, große Wirkung. Die Steigbügel selbst sollten schwer und groß sein, damit man im Falle eines Sturzes nicht darin hängen bleibt. Am besten sind spezielle Sicherheitsbügel, wobei Korbbügel auch noch besonders guten Halt bieten. In konventionellen Reitställen sind sie leider kaum anzutreffen, und auch Ihr Schulpferd ist wahrscheinlich nicht damit ausgestattet. Falls Sie jedoch an ein eigenes Pferd denken, lohnt sich die Anschaffung.

Bei rundlichen Pferden und Ponys verhindert ein Schweifriemen das Verrutschen des Sattels nach vorn. Bei Pferden mit wenig Widerrist oder ausgeprägter »Stromlinienform« hält ihn ein Vorderzeug an seinem Platz.

Was das Material all dieser Ausrüstungsgegenstände angeht, so sind auch heute noch die meisten Sättel aus Leder. Kunststoffsättel sind zwar seit langem auf dem Markt, gelten jedoch nach wie vor als Kuriosum. In der Praxis erweisen sie sich allerdings besser als ihr Ruf. Gerade für junge Pferde ist ein gut angepaßter Kunststoffsattel meist besser als ein gebrauchter Ledersattel, der sich schon vielen Pferdekörpern anpassen mußte.

Um den Pferderücken abzupolstern und auch um das Sattelleder vor Schweißflecken zu schützen, verwendet man meist eine mehr oder weniger dicke Satteldecke. Satteldecken gibt es in Sattelform oder viereckig. Letztere nennt man im

Leicht zu reinigen:
Sattelgurte aus Nylon

Reitstall »Schabracken«, der Western-
oder Freizeitreiter verwendet eher den
englischen Ausdruck »Pad«. Vierecki-
ge Decken sind für viele Verwen-
dungszwecke praktischer, da sie nicht
so leicht verrutschen und auch Sattel-
taschen und am Sattel befestigte Regenkleidung mit abpolstern.
Häufig greift man hier zu besonders dicken Modellen aus festem
Material, die auch bei der Verteilung des Reitergewichts auf dem
Pferderücken nützlich sind. Für sehr druckempfindliche Pferde

Elegante Satteldecke
für alle Fälle

verwendet man Satteldecken aus
medizinisch behandeltem Schaffell
oder einen Woilach. Das ist eine
große, reinwollene Decke, die durch
besondere Faltung in zwölf Lagen auf
dem Pferderücken liegt und wirklich optimalen Schutz bietet. Sattelförmige, dünne
Decken aus Baumwolle oder Samt wirken dagegen
eleganter, polstern den Pferderücken aber kaum ab.
Sie sind nur dann angebracht, wenn der Sattel wirklich perfekt sitzt.

▶ Gekonnt aufsatteln

Wenn Sie einmal einen Sattel ohne Decke auf den blanken Pferderücken legen, sehen Sie, daß man von hinten zwischen Sattel und Pferderücken hindurchschauen kann. Der Sattel darf nicht auf der Wirbelsäule aufliegen, denn da besteht verstärkte Druckempfindlichkeit. Besonders viel Platz muß zwischen Sattel und Widerrist liegen, weshalb der Sattel hier eine Auswölbung aufweist. Man nennt sie die »Sattelkammer«.

Beim Aufsatteln müssen Sie nun darauf achten, daß der durch die Kammer geschaffene Raum zwischen Pferd und Decke erhalten bleibt. Rutscht die Decke auf den Pferderücken herunter und der Freiraum damit zwischen Decke und Sattel, so ist nichts gewonnen. Auch die Decke kann Scheuerstellen am Widerrist verursachen. Sie verhindern das, indem Sie die Decke beim Satteln tief in die Sattelkammer hineinziehen, ein Vorgang, den man »auskammern« nennt. Sehr wichtig ist es weiterhin, Sattel und Decke mit dem Strich des Pferdefells aufzulegen, um kein Härchen abzuknicken. Auch das könnte schließlich zu Druckstellen führen.

Zum Satteln stellen Sie sich nun auf die linke Seite des Pferdes. Wenn Sattel und Decke nicht miteinander verbunden sind, legen Sie zunächst die Decke aufs Pferd, und zwar relativ weit nach vorn, bis auf die Mähne. Dann ziehen Sie sie etwas zurück, damit sich das Fell darunter glättet. Sie liegt jetzt aber immer noch zu weit vorn. Sie legen nun den Sattel auf die Decke und kammern aus, indem Sie Sattel und Decke gemeinsam anheben und die Decke dabei in die Kammer hochdrücken. Beide Teile zusammen schieben Sie dann nach hinten in die richtige Position.

Der Sattel liegt korrekt, wenn er den Widerrist nicht belastet und die Bewegung der Pferdeschulter nicht beeinträchtigt. Das Gewicht des Reiters darf aber auch nicht auf die Nieren des Pfer-

Wenn Decke und Sattel miteinander verbunden sind, legt man sie auch vorsichtig gemeinsam aufs Pferd

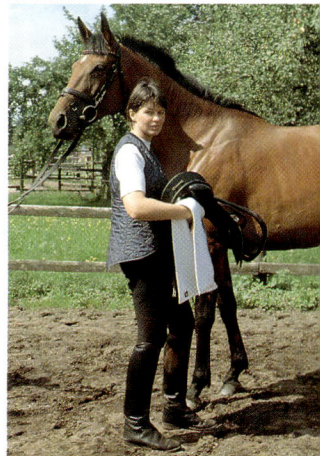

des drücken. Faustregel: Zwischen Sattelgurt und Pferdevorderbein muß eine Handbreit Platz bleiben.

Wenn nun alles richtig sitzt, lassen Sie den Sattelgurt, der bisher über dem Sattel gelegen hat, rechts herabgleiten. Sie können verhindern, daß er gegen die Vorderbeine des Pferdes schlägt, indem Sie Ihr rechtes Bein unter dem Pferdebauch durchheben und ihn damit auffangen. Nun gurten Sie an, wobei Sie die beiden äußeren Sattelstrupfen verwenden. Der mittlere ist ein Reserveriemen. Falls Sie ein Martingal oder ein Vorderzeug verwenden, wird der Sattelgurt vor dem Angurten durch die entsprechenden Schlaufen des Hilfszügels gezogen. Sofern ein Gurtschoner zum Abpolstern des Gurtes Verwendung findet, ziehen Sie den ebenfalls vor dem Angurten auf. Der Gebrauch eines Gurtschoners ist vor allem beim Schnurgurt sinnvoll, denn der scheuert leicht, wenn er naß oder schmutzig wird.

Besonders bei empfindlichen Pferden ziehen Sie den Sattelgurt am besten nicht gleich auf volle Stärke an. Besser gurten Sie erst locker und ziehen dann nach dem Auftrensen noch mal nach. Manche Pferde blasen sich auch gern etwas auf, um dem Druck des Gurtes zu entgehen, und haben bis dahin Luft abgelassen. Überhaupt sollten Sie den Gurt nach den ersten zehn Minuten der Reitstunde noch einmal anziehen.

Die Decke sitzt hoch in der Sattelkammer

Schieben Sie den Sattel sorgfältig in die richtige Position

Wenn der Sattel richtig liegt, ziehen Sie den Sattelgurt vorsichtig an

Western-Schauzäumung
mit Stangengebiß

▶ Die richtige Zäumung

Die meisten Reitanfänger sind fest davon überzeugt, Pferde funktionierten so ähnlich wie ein Motorrad: Lenker rechts herum = rechts, Lenker links herum = links und Bremse anziehen = Halt. So einfach ist es allerdings nicht mal beim Moped. Und beim Lebewesen Pferd ist die Sache sogar ungleich schwerer und komplizierter. Ein gut ausgebildetes Pferd kann ein versierter Reiter nämlich durchaus auch ohne Zügel lenken. Wenn er aber Zügel in der Hand hat, so bieten sie ihm erheblich vielfältigere Möglichkeiten zur Einflußnahme als schlichtes Ziehen nach rechts oder links. Um das zu verstehen, müssen wir uns das Kopfstück einmal näher betrachten. Dabei stellen wir schnell fest, daß durchaus nicht alle Pferde das gleiche Modell tragen. Die Wahl des Kopfstücks oder besser der Zäumung richtet sich nach Reit-

weise und Ausbildungsstand von Pferd und Reiter.

Ein Kopfstück setzt sich zusammen aus einer Zäumung mit oder ohne Mundstück sowie den Lederriemen, die sie am Kopf des Pferdes halten. Dazu kommen meist ein Reithalfter und natürlich ein oder zwei Zügel.

Die Vorstellung, wie viele Lederriemen man zum Fixieren der Zäumung am Pferdekopf braucht, differiert von Reitweise zu Reitweise. In konventionellen Ställen sichert man das Kopfstück mit Backenstücken, Kehlriemen und Stirnband, der Westernreiter legt meist nur einen einfachen Einohrzaum an. Wichtig ist die Auswahl der Zügel, die griffig und flexibel sein müssen. Es gibt Gurtzügel aus festem Leinen und glatte oder geflochtene Lederzügel.

Grundsätzlich dienen alle Zäumungen dazu, dem Pferd Signale zu geben. Die können sich auf eine Rich-

Gebräuchliches
Kopfstück mit
Olivenkopftrense

Olivenkopftrense mit
Englischem Reithalfter

Diese Reiterin verwendet ein Hannoversches Reithalfter

tungsangabe beziehen, aber auch darauf, wie der Reiter sich die
Körperhaltung des Pferdes wünscht. Dazu wird je nach Wahl der
Zäumung an verschiedenen Teilen des Pferdekopfes Druck aus-
geübt. Aber Achtung: Eine Anweisung des Reiters an das Pferd
wird nie ausschließlich über die Zäumung vermittelt. Die Zügelhilfe erfolgt immer im Zusammenspiel mit Schenkel-, Gewichts-
oder Kreuzhilfen. Insofern ist es in der Regel auch nicht nötig,
die Zügel so hart anzunehmen, daß sich der Druck im Maul oder
an anderen Teilen des Pferdekopfes zum Schmerz steigert. Wenn
das Pferd eine Hilfe nicht annimmt, so fast immer, weil es sie
nicht verstanden hat. In dem Fall ist Ziehen und Zerren am Zügel sicher keine Lösung.

Es lohnt sich, über Zäumungen und ihre Wirkung genauer
nachzudenken und letztlich die einzusetzen, die am genauesten
auf Reiter und Pferd zugeschnitten ist. Es gibt grundsätzlich drei
Arten der Zäumung: die gebißlose Zäumung, die Zäumung mit
»gebrochenem« Mundstück (Trense) und die Stangenzäumung.
Besonders letztere ist meistens mit sogenannten Anzügen oder
Bäumen versehen, die ihre Wirkung verändern und verstärken,

weil sie als Hebel wirken. Zur Wirkung der verschiedenen Zäumungen gelten folgende Grundregeln:

▶ Alle gebißlosen Zäumungen wirken auf die Nase des Pferdes, manchmal auch seitlich auf das Kinn des Pferdes ein.

▶ Alle gebrochenen Mundstücke (Trensen) übertragen die Einwirkungen der Reiterhand auf die Zunge, den Unterkiefer und mitunter auch auf den Gaumen des Pferdes.

▶ Stangenzäumungen wirken ebenfalls auf Zunge und Unterkiefer, allerdings anders als gebrochene Gebisse. Da sie in der Regel mit Hebeln versehen sind, üben sie zusätzlich über die Kinnkette oder den Kinnriemen Druck in der Kinngrube aus.

Mitunter werden zwei dieser Zäumungsgrundvarianten miteinander kombiniert. Die bekannteste Kombinationszäumung ist die Kandare im Bereich des Dressursports, bei der das Pferd sowohl eine dünne Trense als auch eine Stange im Maul trägt. Gebißlose Zäumungen und Trensen kombiniert man manchmal im Rahmen der Ausbildung von Westernpferden, und auch der Kappzaum beim »Longieren« gehört in diese Kategorie.

Dressurpferde werden oft auf Kandare gezäumt

Gebißlose Zäumung
mit Stange kombiniert

Am lockeren Zügel ins Gelände

Gebißlose Zäumungen

Bei all der Theorie in diesem Kapitel haben Sie vielleicht Lust auf
ein praktisches Experiment zum Thema »Zäumungen und ihre
Wirkung«. Nehmen Sie dazu einen Bleistift in beide Hände und
drücken Sie damit auf Ihren Nasenrücken. Sie werden bemerken,
daß Sie unweigerlich dazu neigen, den Kopf auf den Druck hin zu
senken. Als nächstes legen Sie Ihre Finger in Ihre Mundwinkel,
ziehen sie in Richtung Hinterkopf und beobachten wieder Ihre
instinktive Reaktion. In diesem Fall dürfte die darin bestehen, die
Nackenmuskulatur anzuspannen und den Kopf unwillig hochzu-
drücken. Genauso verläuft die unwillkürliche Reaktion eines Pferdes auf gebißlose Zäumungen und Zäumungen mit Gebiß.
Während es auf erstere sofort mit dem erwünschten Kopfsenken
und Anhalten antwortet, muß es die Bedeutung des Drucks im
Maulwinkel erst lernen. Man macht einem jungen Pferd also die
Ausbildung leichter, wenn man es an einer gebißlosen Zäumung
anreitet.

Leider ist ein solcher Ausbildungsgang in den meisten unserer Reitställe nicht üblich, auch wenn er sonst in vielen Ländern
der Welt praktiziert wird. Die dazu gebräuchlichen leichten, gebißlosen Zäumungen wie etwa das Bosal (Klassische Hackamore),

das Side Pull (Lindel) oder das Vosal sind hier noch zu wenig bekannt. Als gebißlose Zäumung kennen die meisten Sportreiter nur die Mechanische Hackamore, die in den höchsten Klassen des Springsports eingesetzt wird, um das Angsttemperament der Springpferde zu zügeln. Im Gegensatz zu den vorgenannten gebißlosen Varianten ist sie aber keineswegs pferdefreundlich, sondern erzeugt schon bei leichtem Annehmen der Zügel starken Schmerz und erfordert so mindestens eine weiche Reiterhand.

Stangenzäumungen

Unter Stangenzäumungen versteht man Mundstücke, die nicht gebrochen sind und somit unbeweglich im Pferdemaul liegen. In traditionellen Reitställen begegnet Ihnen die Stangenzäumung entweder als Kandare in der Hand des fortgeschrittenen Dressurreiters oder als blanke Stange in der Hand von Möchtegernjagdreitern, die meinen, ihre Pferde damit besser in den Griff zu bekommen. Die Stangenzäumung wirkt nämlich in der Regel recht hart, die Bäume oder Anzüge wirken als Hebel und verstärken damit die Kraft, mit der die Zügel angenommen werden. Im Idealfall helfen sie dabei, das Pferd zu einer eleganten Arbeitshaltung mit hoher Aufrichtung von Kopf und Hals zu führen, auf die es vorher in langwieriger Dressurarbeit vorbereitet wurde. Dazu genügt dann ein ganz leichtes Annehmen der Stange – wenn Sie einen Dressurreiter beobachten, werden Sie bemerken, daß der Kandarenzügel fast immer leicht durchhängt. Den Kontakt zum Pferdemaul hält der Reiter mittels der Unterlegtrense. Auch im Westernriding werden Stangen nur bei Pferden eingesetzt, die ihre Grundausbildung bereits hinter sich haben und auf leichte Zügelhilfe bereitwillig reagieren. Hier wird die Stange einhändig geführt, der Reiter lenkt mittels Gewichtshilfen und sucht keinen ständigen Kontakt zum Pferdemaul.

Stangenzäumungen wirken auf Maul, Kinn und Genick des Pferdes ein

Gebrochene Mundstücke

Gebrochene Mundstücke zeichnen sich durch ihre große Beweglichkeit im Pferdemaul aus. Bei der bekanntesten Variante, der Trense, besteht das Mundstück aus zwei durch Ringe verbundenen Teilen. Das Pferd kann das Gebiß also im Maul hin- und herschieben und genüßlich darauf herumkauen. Dabei speichelt es ein, was mehrere erwünschte Effekte hat:

Das Pferd entspannt sich (Kaugummieffekt) und zeigt die Tendenz, den Kopf zu senken wie bei der Nahrungsaufnahme, es geht also in die gewünschte Dehnungshaltung. Dazu verhindern die Maulbewegungen ein Festbeißen am Gebiß.

Die traditionelle Trensenform hat allerdings auch Nachteile. So drückt ein Annehmen der Zügel hier die Zunge des Pferdes zusammen. Man nennt diesen Quetscheffekt »Nußknackerwirkung«. Um ihn zu vermeiden, wählt man heute oft doppelt gebrochene Trensengebisse.

Tölt an leichter Hand

Überhaupt gibt es Trensen in vielen Varianten und Materialien. Neben unterschiedlichen Metallegierungen ist dabei auch Gummi gebräuchlich und gilt als sehr pferdefreundlich. Teilweise sind Gummitrensen allerdings so weich, daß ein Annehmen der Zügel das Pferd kaum beeindruckt. Das an sich sehr pferdefreundliche »Nathegebiß« wurde in der Anfangszeit oft durchgebissen, weshalb man es jetzt mit einer Stahlseele versieht. Den Effekt, wenn das Pferd beim vergnüglichen Kauen auf den Stahl trifft, kann man wohl nur mit dem Beißen auf Staniolpapier beim Schokoladekauen vergleichen.

Dicke Trensengebisse wirken weicher als dünne, da sie den Druck besser im Maul verteilen. In den Mäulern kleiner Ponys bewirken sie aber oft eine Art »Maulsperre«. Mitunter ist das zierlichere Gebiß also die bessere Wahl.

Trensenvarianten unterscheiden sich außerdem in unterschiedlichen Formen der Ringe, in die Zügel und Kopfstück eingeschnallt werden, z. B. Olivenkopfgebiß und D-Trense.

Es geht auch ohne Zäumung: Ein gut gerittenes Pferd ist sogar mit Halsring leicht zu steuern. Zur Sicherheit aber nur auf umzäunten Plätzen.

Reithalfter

Wie gesagt, dienen die meisten Riemen am Kopfstück nur dazu, die Zäumung korrekt auf der Pferdenase oder im Pferdemaul zu halten. Eine Ausnahme bildet hier das Reithalfter oder Sperrhalfter. Es hat die Funktion, das Pferd daran zu hindern, sein Maul aufzureißen und sich damit der Wirkung des Gebisses zu entziehen. Im allgemeinen wird es mit Trensengebissen kombiniert. Nun entzieht sich das Pferd der Zügeleinwirkung in der Regel nicht aus Bosheit, sondern weil es schlechte Erfahrungen damit gemacht hat. Mit dem Sperren signalisiert es, daß es sein Gebiß oder die Zügelführung des Reiters bestenfalls lästig, schlimmstenfalls schmerzhaft findet. Das Sperrhalfter verwehrt ihm diese Meinungsäußerung, was kritisch zu sehen ist. Andererseits darf dem Pferd aber auch nicht erlaubt werden, sich der Zügeleinwirkung aus einer Laune heraus zu entziehen. Insofern ist es wichtig, das richtige Sperrhalfter auszuwählen. Auf keinen Fall sollten Sie Ihrem Pferd das Maul regelrecht zuschnüren, wie es bei der Verwendung des Hannoverschen Sperrhalfters der Fall ist. Diese Reithalftervariante wirkt obendrein atembeengend, wenn sie auf dem Nasenknorpel des Pferdes zu liegen kommt. Mit dem Einsatz eines Englischen Reithalfters erzielt man dagegen gute Erfolge gegen das Sperren. Es liegt auf dem harten Teil der Pferdenase breit auf und vermittelt dem sperrenden Pferd zwar die Botschaft »So nicht!«, bestraft es aber nicht direkt.

► Hilfszügel – Zweifelhafte Helfer

Das Pferd soll sich unter dem Reiter nicht irgendwie bewegen, es soll den Hals rund machen und im Rücken schwingen. Idealerweise erreicht der Reiter das durch eine sensibles Zusammenspiel von Zügel-, Kreuz- und Schenkelhilfen. Beim jungen, korrekt gebauten Pferd ist es verhältnismäßig einfach, bei einem Pferd mit Gebäudeschwierigkeiten oder einem, das unter dem Sattel bereits schlechte Erfahrungen gemacht hat, kann es sich zu einer harten Nuß entwickeln.

Auch fällt es vielen Reitern schwer, das korrekte Zusammenspiel der Hilfen zu erlernen. Die Schuld für das mangelhafte Gelingen der Lektionen wird dann aber gern dem Pferd angelastet. Auf jeden Fall gerät so mancher Reiter mehr oder weniger oft in Versuchung, anstelle der langwierigen, systematischen Gymnastizierung mit sogenannten »Hilfszügeln« schnelle Effekte zu erzielen. Damit ist meist die Vorstellung verbunden, man bräuchte ein Pferd nur durch Zwang in die richtige Körperhaltung zu bringen, und schon kämen der schwingende Rücken und die raumgreifenden Gänge von allein.

Tatsächlich ist die Verwendung eines der vielen verschiedenen Hilfszügel aber problematisch. Nur wenige dieser zusätzlichen Lederteile sind wirklich nützlich. In den meisten Reitschulen werden dem Reiter zum Beispiel nicht gleich normale Zügel in die Hand gedrückt. Es wäre viel zu schwer, Zügelführung, den richtigen Sitz und die sonstigen Hilfsmittel auf einmal zu lernen. Am Anfang steht also die Sitzschulung an der Longe, wozu dem Pferd Ausbindezügel angelegt werden. Sie führen von der Trense zum Sattel und bringen das Schulpferd dazu, auch unter dem An-

① **Martingal**

② **Dreieckszügel**

③ **Ausbinder**

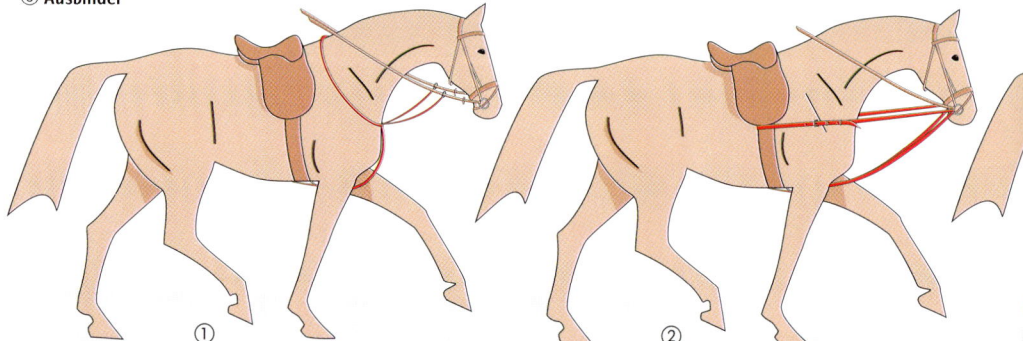

①   ②

fänger mit gesenktem Kopf und aufgewölbtem Rücken zu gehen wie sonst in der Dressurstunde. Seine Bewegungen werden dadurch weicher, und der Anfänger wird im Trab nicht allzu sehr geworfen. Hat der Reitschüler gelernt, einigermaßen korrekt zu sitzen und die ersten treibenden Hilfen zu geben, so läßt man ihn gewöhnlich von der Longe, stattet sein Pferd aber nach wie vor mit einem Hilfszügel aus. Hier kommt meist das Martingal zum Einsatz, das Sattelgurt und Zäumung verbindet. Es soll verhindern, daß das Pferd den Kopf hochreißt, um sich damit der Trenseneinwirkung zu entziehen.

Ein weiterer gebräuchlicher Hilfszügel ist der Stoßzügel. Auch er soll ein Hochnehmen des Kopfes verhindern und wird dazu mitunter im Anfängerunterricht eingesetzt.

In konventionellen Ställen sehr verbreitet ist leider der Schlaufzügel. Er besteht aus zwei langen Riemen, die vom Sattelgurt unter der Brust des Pferdes zwischen den Vorderbeinen durch die Trensenringe in die Reiterhand führen. So kompliziert das klingt, so einfach ist die Verwendung: Ein Zug am Zügel und der Pferdekopf wird in Richtung Brust gezerrt. Das Pferd befindet sich dann in einer Art Pseudo-Aufrichtung, und der Reiter meint, mehrere Jahre der

Westernreiter verwenden gelegentlich ein »Tie-down«. Das ist eine Stoßzügelvariante

Beim Springen wird fast immer ein Martingal eingeschnallt

Ausbildung gespart zu haben. Später rächt sich das. Das Pferd wird seine Chance zur Auflehnung nutzen, sobald der Zügel ausgeschnallt wird.

Insbesondere zum Longieren verwendet man dann noch weitere Hilfszügelkonstruktionen wie Gogue, Chambon oder Halsverlängerer. Sie alle dienen dazu, dem jungen Pferd den Weg in die Dehnungshaltung zu weisen.

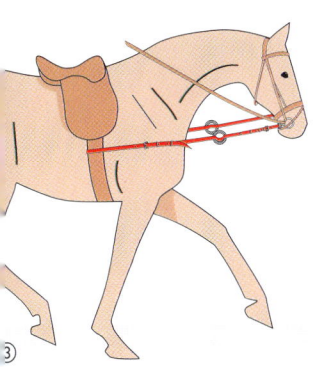

Legen Sie die linke Hand um die Pferdenase ...

Schieben Sie das Gebiß ins Maul ...

Das Kopfstück wird vorsichtig über die Ohren gezogen

▶ Richtig aufzäumen

Bevor Sie ein Pferd aufzäumen, nehmen Sie ihm das Stallhalfter vom Kopf und legen es ihm um den Hals. Dann kann es nicht weglaufen, während Sie die Zäumung ordnen – eine Tätigkeit, für die Anfänger gewöhnlich einige Zeit brauchen. Die vielen Riemen des konventionellen Trensenzaums können einen noch ungeübten Pferdepfleger leicht verwirren.

Wie fast alle Tätigkeiten rund ums Pferd geschieht auch das Aufzäumen von links. Das geht ursprünglich darauf zurück, daß all diese Arbeiten von Männern getan wurden, die links das Schwert trugen. Hätten die auf der rechten Seite des Pferdes gearbeitet, wäre ihnen die Waffe ständig im Weg gewesen!

Sie plazieren sich nun also mit Ihrer Zäumung links vom Pferd und legen ihm zunächst die Zügel um den Hals. Dann nehmen Sie das Kopfstück in die rechte Hand. Sie fassen es etwa in der Mitte der Backenstücke und trennen das rechte und das linke Backenstück durch den Zeigefinger. Die linke Hand liegt unter dem Gebiß. Wie beim Aufhalftern faßt die rechte Hand mit der Zäumung von unten um die Pferdenase und übt dort leichten Druck aus, damit sich das Pferd dem Auftrensen nicht nach oben entzieht. Während die linke Hand das Gebiß ins Maul schiebt, zieht die rechte das Kopfstück an der Pferdenase entlang hoch

Kehlriemen schließen   Reithalfter schließen

und über die Ohren. Nun ordnen Sie die Mähne des Pferdes so, daß sie über das Stirnband fällt und von Stirnband und Nackenstück nicht eingeklemmt wird. Besonders bei den dicken Mähnen von Robustpferden und Ponys ist das gar nicht so einfach. Danach können Sie die Schnallen schließen – beim gewöhnlichen Trensenzaum am Kehlriemen und am Nasenriemen des Reithalfters.

Beim ersteren muß eine aufgestellte Hand zwischen Kehle und Riemen passen, beim letzteren zwei aufeinandergestellte Finger zwischen Nase und Zaum. Achten Sie auch darauf, daß das Reithalfter mindestens vier Finger breit über den Pferdenüstern liegt. Stellen Sie fest, daß es zu tief verschnallt ist, so scheuen Sie sich nicht, seine Lage zu korrigieren. Der Trensenzaum wird so eingestellt, daß die Trense die Maulwinkel des Pferdes nur geringfügig hochzieht. Eine Falte ist erlaubt, höher darf das Gebiß nicht rutschen, sonst wird es unangenehm für das Pferd!

So sitzt alles perfekt!

Leider lassen nicht alle Pferde das Aufzäumen ohne Widerstand geschehen. Manche beißen buchstäblich die Zähne zusammen, wenn man sich ihnen mit der Trense
nähert. Meist deshalb, weil sie mit dem Auftrensen und erst recht mit dem Reiten
schlechte Erfahrungen gemacht haben.
Schmettern Sie einem solchen Pferd die
Trense nicht mit Schwung gegen die Vor-
derzähne! Das ist ihm nicht nur unangenehm, sondern wirkt auch nicht als »Sesam
öffne dich«. Statt dessen fassen Sie mit
dem linken Daumen ins Pferdemaul und
drücken kräftig auf den Laden, also eine der
zahnlosen Stellen am Unterkiefer. Das löst
einen Reflex aus, der das Pferd dazu bringt,
das Maul freiwillig zu öffnen.

► **Die Lederpflege**

Die regelmäßige Reinigung der ledernen
Ausrüstung Ihres Pferdes dient nicht nur
der Optik. Fast wichtiger ist, daß Sie damit
die Haltbarkeit des Leders verlängern und
brüchige Stellen früh genug erkennen.

Zum Reinigen des Lederzeugs öffnen
Sie zunächst sämtliche Schnallen und zer-
legen alle Ausrüstungsgegenstände in ihre
Bestandteile. Beim ersten Mal erscheint einem das oft als Wagnis: Wird man es wirklich schaffen, alles korrekt wieder zusam-
menzusetzen? In der Praxis ist das aber gar
nicht so schwierig, die Lösung des »Puzz-
les« ergibt sich schon aus den unterschied-
lich breiten Riemen.

Die Einzelteile werden nun mit Wasser und Sattelseife gründlich gereinigt.
Wenn das Zaumzeug sehr mit Pferde-
schweiß und verklebtem Staub verunreinigt
ist, kann man es vorher eine halbe Stunde

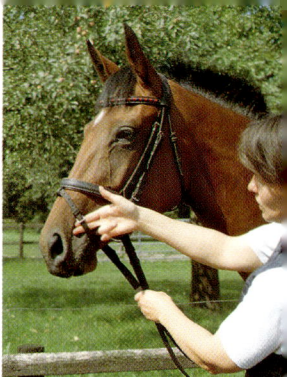

Zwischen Reithalfter und Pferdenase müssen zwei Finger Platz
finden

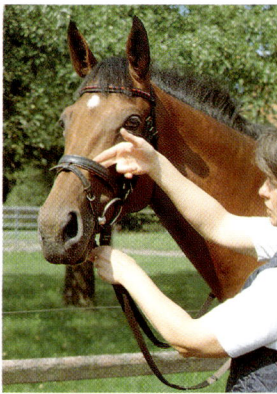

Das gilt auch für das Zusatzriem-
chen am kombinierten Reithalfter

Zwischen Kehlriemen und Pferd
sollte eine Handbreit Platz bleiben

in einen Eimer lauwarmes Wasser legen, dem man einen Schuß Salmiakgeist beigemischt hat. Der Salmiak löst den eingetrockneten Schweiß und erleichtert die Lederreinigung.

Auch beim Sattelreinigen brauchen Sie nicht mit Wasser zu sparen. Hochwertige Sattelseifen verhindern, daß das Leder durch die Reinigung spröde wird. Vorsicht ist allerdings beim Trocknen angesagt. Hängen Sie Ihr Sattelzeug dazu weder in einen geheizten Raum noch in die pralle Sonne. Und warten Sie mit dem Fetten des Leders nicht, bis es knochentrocken geworden ist! Das Leder darf noch etwas klamm sein, wenn Sie Lederfett auftragen. Das Fett hält die Feuchtigkeit dann im Leder, wodurch es geschmeidig bleibt. An der Qualität und an der Menge des Lederfetts sollten Sie auf keinen Fall sparen. Für Sattelzeug müssen grundsätzlich säurefreie, tierische Fette verwendet werden. Pflanzliche Fette verharzen und machen das Leder brüchig. Das ideale Lederöl ist Nerzöl, aber das ist natürlich auch das teuerste. Gegen brüchiges Leder hilft mehrmaliges Einfetten mit Ballistol-Öl. Das bekommen Sie in der Apotheke oder in Geschäften für Jagdbedarf.

Tragen Sie das Lederfett nun also dick auf und geben Sie ihm etwas Zeit zum Einziehen, bevor Sie das Sattelzeug wieder zusammenschnallen. Sehr hartes Leder können Sie durchaus mal eine Nacht in Lederfett einweichen. Schließlich wischen Sie das überschüssige Fett mit einem weichen Lappen ab und setzen Ihr Kopfstück wieder zusammen.

Auch neue Kopfstücke und Sättel sollte man gut einfetten, bevor man sie in Betrieb nimmt. Besonders Sättel »schlucken« fast unglaubliche Ölmengen. Es ist nicht ungewöhnlich, daß beim Einfetten eines Sattels fast ein Liter verbraucht wird. Kopfstücke von mäßiger Qualität, die hart und wenig pferdefreundlich erscheinen, kann man »retten«, indem man viel Öl regelrecht »hineinknetet«. Sie halten dann zwar nicht so lange wie hochwertige Teile, aber sie scheuern nicht am Pferdekopf.

Wertvolles Lederzeug will gepflegt sein

▶ Von der Decke bis zur Bandage

Wie viele Ausrüstungsgegenstände ein
Pferd über Stallhalfter und Strick,
Sattel und Zaumzeug hinaus
noch braucht, hängt von seiner
Haltung und von seinem Reitein-
satz ab. Ein Stallpferd, mit dem Sie
nur zwischen Stall und Halle pendeln,
benötigt zum Beispiel keine dicke Win-
terdecke. Eine leichte Abschwitzdecke

**Gamaschen – Schutz
fürs Pferdebein**

genügt, um es nach dem Reiten im Winter vor dem Frieren zu
schützen. Fahren Sie allerdings regelmäßig mit ihm zur Reitstunde in einen anderen Stall, so braucht es während des Transports mehr Schutz vor Kälte und Zugluft, also zum Beispiel eine
gefütterte Jutedecke. Die Decke muß aber nicht unbedingt re-
gendicht sein.

Das Offenstallpferd, das nur sonntags geritten wird, benötigt
ebenfalls nicht viel »Zusatzbekleidung«. Gelegenheitsreiter bege-
ben sich schließlich nur selten im Regen oder bei großer Kälte

**So sitzen die
Gamaschen richtig**

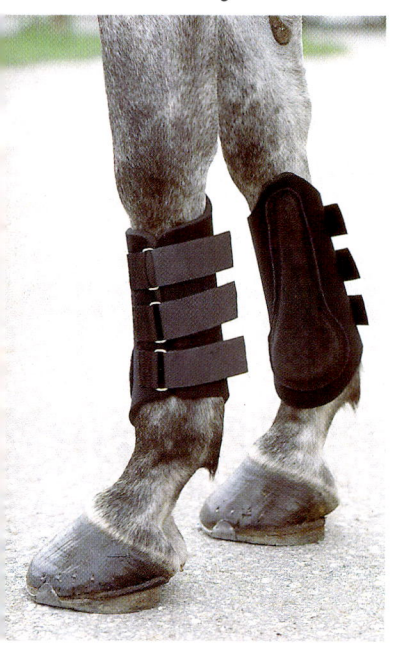

ins Gelände, und wenn das Pferd nicht schwitzt, reicht
sein natürliches, dickes Winterfell als Schutz gegen jede
Witterungsunbill.

Ein Höchstmaß an Ausstattung braucht ein artgerecht gehaltenes Pferd, das viel und auch schweißtrei-
bend geritten wird. Nach einem Ritt im Regen muß es
im Winter wie im Sommer trocken werden, bevor es
wieder auf die Weide oder in den Auslauf darf: Es muß
also eine Zeit im Stall verbringen, oder es braucht seinen
»tragbaren Stall«, die wasserdichte Neuseelanddecke.
Das traditionelle Segeltuchmodell hat sich allen moder-
neren Materialien zum Trotz am besten dabei bewährt,
einem Pferd gleichzeitig Auslauf und Wetterschutz zu
gewährleisten. Bei uns kommt es hauptsächlich bei Frei-
zeitpferden zum Einsatz, aber in angelsächsischen Ländern gehen auch Turnierpferde der höchsten Klassen damit täglich auf die Weide.

Neuseelanddecken zeichnen sich übrigens durch
eine besonders sichere Begurtung aus. Sie sitzen auch
dann ohne Verrutschen, wenn das Pferd damit herum-

tobt oder sich wälzt. Das ist bei jeder Decke wichtig, mit der das Pferd frei herumläuft. Ansonsten ist ihre Lebensdauer nämlich ziemlich begrenzt.

Ob Ihr Pferd Gamaschen, Ballenschoner, Springglocken und ähnliches benötigt, ist hauptsächlich davon abhängig, ob es korrekt auf seinen Beinen steht und gut geritten ist oder nicht. Ein Pferd mit gesunden Beinen kommt im allgemeinen auch ohne zusätzliche Stütze und Extraschutz durchs Gelände.

Ob ein Bandagieren der Pferdebeine während der Dressurstunde oder beim Springen wirklich die Sehnen schont, ist unter Tierärzten umstritten. Die Tendenz geht eher zu »nein«. Wer sein Pferd artgerecht hält, so daß es nicht steif aus dem Stall auf den Reitplatz kommt, wer es sowohl vor der Dressurstunde als auch vor längeren Galoppaden auf dem Ausritt ausgiebig warm reitet und überhaupt regelmäßig bewegt, braucht sowieso kaum Sehnenschäden zu befürchten. Statt der üblichen dünnen Bandagen sollten Sie sich also allenfalls einen Satz Wollbandagen anschaffen. Damit pflegen Sie die Pferdebeine nach langen Ritten.

Während eines Transports im Pferdehänger packen viele Reiter ihre Pferde regelrecht in Watte: Da werden extrem dicke, gepolsterte Decken angelegt, ein Kopfschutz und Transportgamaschen, in denen das Tier sich kaum bewegen kann. Es mag Einzelfälle geben, in denen das sinnvoll ist. Meist ist es aber übertrieben, und so manche Furcht eines Pferdes vor der Hängerfahrt wird noch dadurch geschürt, daß die Transportgamaschen schwer und unbequem sind. Professionelle Tierspeditionen greifen im Regelfall nicht zu all diesen Schutzmaßnahmen und bringen ihre Schützlinge trotzdem sicher ans Ziel. Nüchtern betrachtet kann sich ein Pferd auf dem Transporter auch kaum verletzen. Unfälle passieren eher beim Verladen der Tiere, wenn ein unwilliges Pferd auf der Rampe ausrutscht oder steigt und hinfällt. Dagegen hilft Hängertraining besser als ein Schutzpanzer aus Decken. Wenn Sie trotzdem auf Nummer Sicher gehen wollen, legen Sie dem Pferd auf der Reise Wollbandagen an.

Ein sehr nützliches Utensil beim Hängerfahren kann dagegen ein Schweifschoner sein. Viele Pferde stützen sich mit dem Hinterteil am Gestänge des Hängers ab und können sich dabei schon auf kurzen Fahrten viele Haarsträhnen an der Schweifrübe abscheuern.

▶ Was braucht man zum Longieren?

Longieren Sie Ihr Pferd nicht nur, weil das alle machen. Longenarbeit sollte gekonnt und überlegt durchgeführt werden. Am besten belegen Sie mindestens einen speziellen Longierkurs, noch
besser einen Doppellongenkurs.

Die Praxis, die Longe einfach in einen Trensenring der normalen Reitzäumung des Pferdes einzuschnallen, zeugt zum Beispiel von mangelnder Kenntnis der Feinheiten. Wie soll Ihr Pferd
ein sensibles Maul behalten, wenn Sie mit der Longe einseitig
Druck aufs Gebiß ausüben? Falls Sie Ihr Pferd also nur »irgendwie« im Kreis herumlaufen lassen wollen, genügen ein Stallhalfter, eventuell über dem Reithalfter angelegt, und eine einfache
Longe. Handelsübliche Longen sind aus Gurtmaterial und sieben
Meter lang. Wählen Sie ein Modell mit stabilen Haken, das gut in
der Hand liegt.

Sofern Sie allerdings ernsthaft Longenarbeit betreiben wollen, werden Sie um die Anschaffung eines Kappzaums und eines
hochwertigen Longiergurtes nicht herumkommen. Beim Kauf des
letzteren gilt die Faustregel: Je mehr Ringe, desto besser. Kapp-
zäume wurden speziell zur Longenarbeit und zu anderen klassischen Formen der Bodenarbeit (Doppellonge, Arbeit am Langen

Zügel) entwickelt und sind dazu unübertroffen. Es handelt sich dabei um ein stabiles Kopfstück, das einen metallenen Nasenriemen sehr sicher an seinem Platz hält. Das Metall ist dick abgepolstert, so daß es die Nase des Pferdes nicht verletzen kann. Nicht gepolsterte Kappzaumvarianten wie etwa die spanische Sereta sind nicht empfehlenswert. Zum Einschnallen von Longe und/oder Hilfszügeln sind stabile Metallösen am Nasenteil angebracht. Beim einfachen Longieren klinkt man die Longe in den Ring auf dem Nasenrücken des Pferdes. Zusätzlich enthält der Kappzaum die Möglichkeit, eine Trense einzuschnallen. Man kann das Pferd also zum Beispiel am Nasenteil longieren und Ausbinder in die Trensenringe schnallen. Bei der Doppellongenarbeit mit jungen Pferden wird die Longe erst durch die Ringe am Nasenteil gezogen und das Pferd ohne Trense gearbeitet, dann wird die Trense eine Zeitlang zur Gewöhnung ins Maul gelegt, ohne daß man darauf Einfluß nimmt. Erst wenn das Pferd alle Grundlektionen beherrscht, schnallt man die Longe in die Trensenringe. Zur Jungpferdeausbildung ist der Kappzaum deshalb unbezahlbar. Allerdings ist nur die teure Ledervariante brauchbar. Nylonkappzäume haben sich nicht bewährt.

Der Kappzaum ist ideal für die Longenarbeit

Longieren an der einfachen Longe verfolgt an sich keinen weiteren Zweck, als das Pferd locker in Dehnungshaltung vorwärts gehen zu lassen und es damit an eine gesunde Arbeitshaltung unter dem Reiter heranzuführen. Das sollte kein Problem darstellen, denn ein normales Pferd findet meist von sich aus in diese Position, wenn man es schwungvoll vorwärts treibt und ihm etwas Zeit läßt. Gerade das fällt leider manchen Ausbildern schwer: Kaum haben sie das Pferd an der Longe, da wird auch schon irgendein Hilfszügel eingeschnallt, in aller Regel ein Ausbinder. Für ein junges Pferd ist die Arbeit an dem relativ starren Ausbinder aber schwierig, denn der Zügel gibt nicht nach, wenn es sich heranstreckt, sondern begrenzt seine Bewegungsfreiheit stark. Wenn man also Hilfszügel verwenden will, ist es besser, bewegliche Konstruktionen zu wählen. Gogue und Halsverlängerer zum Beispiel geben dem Pferd eine Tendenz nach unten, ohne es allzu sehr einzuengen.

Wichtig: Das Pferd muß die Möglichkeit haben, verschiedene Haltungen auszuprobieren und sich schließlich selbst für die richtige zu entscheiden.

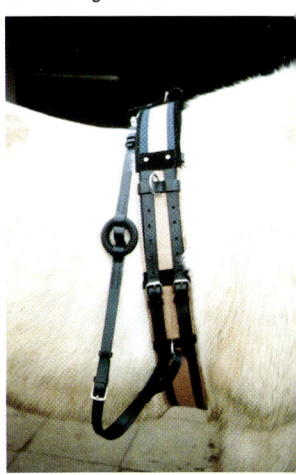

Longiergurt und Ausbinder

Die gemeinsame Arbeit

Traditionell und in praktisch allen europäischen Sprachen wird Reiten und sinnvolle Beschäftigung mit Pferden »Arbeit« genannt. Der Ausdruck stammt natürlich aus Zeiten, in denen das Pferd für seinen Hafer ordentlich schaffen mußte und auch das berufliche und sonstige Fortkommen vieler Menschen davon abhing, wie gut sie mit ihren Pferden klarkamen.

Heute sollte unsere tägliche Beschäftigung mit Pferden jedoch nicht so sehr von dem Gedanken an Pflichterfüllung, sondern von Freude und Vergnügen geprägt sein.

Schließlich halten wir uns Pferde, weil wir sie lieben, und nicht, um uns oder sonst jemandem etwas zu beweisen. Wir sollten also nicht verbissen an die Ausbildung und Weiterbildung unseres Freizeitpartners Pferd herangehen, sondern locker und entspannt. Natürlich ist es schön, wenn das Pferd schnell Fortschritte macht, aber wenn es ein paar Monate länger braucht, geht die Welt auch nicht unter!

Zum Glück gibt es vielfältige Möglichkeiten, etwas mit Pferden zu unternehmen und mit ihnen Spaß zu haben.

Das Ziel:
Harmonie
mit dem Pferd

▶ **Die tägliche Bewegung**

»Unser Pferd arbeitet allenfalls mal am Wochenende«, bemerkt eine Reiterin. »Ansonsten steht es auf der Weide und frißt sich voll. So gut möchte ich's auch mal haben!«

Wirklich? Nun, möglicherweise besteht das Traumziel der Dame ja tatsächlich aus Arbeitslosigkeit und Übergewicht. Das Lauftier Pferd würde die Sache aber sicher anders sehen.

Ein Pferd, das nicht gerade auf riesigen Weideflächen innerhalb einer großen Herde lebt, braucht regelmäßige Beschäftigung. Das muß nicht immer schweißtreibende Arbeit sein – auch ausgefallene Dinge wie etwa das Einüben kleiner Zirkuskunststücke bringen Abwechslung. Aber schließlich hat man sich das Pferd ja angeschafft um zu reiten. Und Reiten macht nur Spaß, wenn der vierbeinige Partner gut ausgebildet und konditioniert, gehorsam und mit Freude bei der Sache ist. Diese Eigenschaften erwerben Pferde über eine fundierte Grundausbildung und regelmäßiges Training. Setzt man damit über längere Zeit aus, so bildet sich die mühsam aufgebaute Muskulatur zurück; Kraft und Wendigkeit des Pferdes lassen nach – der Reiter ist enttäuscht.

Wieviel Zeit genau Sie für Ihr Pferd brauchen, hängt natürlich wieder davon ab, was Sie wollen. Wer an Wettbewerben teilnehmen möchte oder auch einfach für sich Spaß daran findet, schwierige Dressuraufgaben zu reiten oder lange, schnelle Ausritte zu unternehmen, muß mehr Zeit investieren als der typische »Wochenendreiter«. Wenn der lange, gemütliche Sonntagsausritt jedoch Reiter und Pferd Spaß machen und anschließend keinen Muskelkater bescheren soll, muß sich der Reiter mindestens zwei- bis dreimal wöchentlich für eine Stunde in den Sattel schwingen.

Distanzreiter sollten möglichst vier- bis fünfmal trainieren, ebenso Dressurreiter. Achten Sie dabei aber auf Abwechslung – jeden Tag die gleiche Trainingsstrecke oder jeden Tag das gleiche Programm im Dressurviereck langweilen ein Pferd bald ebenso wie die Tatenlosigkeit im Offenstall. Weniger Training der speziellen Lektionen und mehr »Ausgleichssport« wird sicher bessere Ergebnisse erzielen. Für ein Freizeit-Dressurpferd könnte der Trainingsplan zum Beispiel so aussehen: 1. Tag: 60 Minuten Schrittausritt in bergigem Gelände als Krafttraining, 2. Tag: 45 Minuten Doppellongenarbeit auf dem Reitplatz, 3. Tag: 45 Minuten bis 1 Stunde Dressurarbeit auf dem Reitplatz, 4. Tag: Eine Stunde lockerer Ausritt in allen Gangarten bei teilweise flottem Tempo, 5. Tag: Entspannen auf der Weide.

Auch im Winter braucht ein Pferd Bewegung!

Falls Sie schon im Vorfeld des Pferdekaufs wissen, daß Sie nicht so viel Zeit für Ihr Pferd aufbringen können, denken Sie rechtzeitig über Alternativen nach. Eine davon wäre das »Pflegemädchen« aus der Nachbarschaft, das für die Reitgelegenheit im Stall hilft, oder Sie bemühen sich um eine zahlende »Reitbeteiligung«. Schaffen Sie sich insofern also gleich ein Pferd an, das keine Probleme mit Reiterwechseln hat und ungefährlich zu handhaben ist. Für erwachsene, unproblematische Pferde findet sich immer ein Reiter. Mit jungen und schwierigen Tieren und ihren Problemen stehen Sie aber schnell allein da.

▶ Die Grundausbildung

Pferde werden nicht als Reitpferde ge-boren. Bevor sie ihren Reiter sicher und scheufrei durchs Gelände tragen oder eine Dressuraufgabe im Viereck korrekt absolvieren, brauchen sie eine fundierte Ausbildung. In ihrem Rah-men lernen sie Hilfen zu verstehen und gehorsam darauf zu reagieren. Sie entwickeln Geschick und Kondition, so daß sie das Reitergewicht auch über Stunden ausbalancieren und ohne ge-sundheitliche Schäden tragen können. Für eine solche solide Grundausbil-

Es macht viel Spaß, sein Jungpferd selbst anzureiten

dung muß man bei normalem Arbeitstempo etwa zwei Jahre ver-anschlagen.

Pferdeanreiten hat nichts mehr mit bockenden Pferden und sich verbissen festklammernden Reitern zu tun, wie es manche vielleicht noch im Kopf haben. Hierzulande gibt es inzwischen etliche Methoden, das Pferd langsam an seine Arbeit als Reitpferd heranzuführen, indem man den Gesamtkomplex »Reiten« in mehrere Lernabschnitte aufteilt. Das Pferd wird also nicht auf ein-mal mit Angurten, Sattel, Reitergewicht, Zügel-, Schenkel- und Kreuzhilfen konfrontiert, sondern lernt all diese Dinge gesondert und nacheinander. Eine Möglichkeit dazu wäre zum Beispiel, das Pferd zunächst anzulongieren und dabei an einen Longiergurt zu gewöhnen.

DOPPELLONGE Danach schnallt man eine Doppellonge ein und bringt dem Pferd bei, auf Zügelhilfen zu reagieren. Es lernt hier auch schon die Anfänge des Zusammenspiels zwischen Zügelhilfen und treibenden Hilfen kennen. Erste Kondition und Erfahrung im Gelände erwirbt das Jungpferd, indem es als Hand-pferd auf Ausritte mitgenommen wird. Der nächste Lernschritt beinhaltet das Lenken von hinten. Das Pferd soll den Zügelhilfen gehorchen, ohne seinen Führer zu sehen, und es soll selbständig vorwärts gehen. Nachdem es sein ganzes bisheriges Leben mit dem Menschen daran gewöhnt worden ist, ihn beim Führen ja nicht zu überholen, ist das keine leichte Aufgabe. Der Ausbilder zieht dazu einen langen Zügel oder zwei lange Stricke durch die

Ringe des Longiergurtes, klinkt sie in die Kappzaumringe und später auch in die Trensenringe ein und »fährt« das Pferd damit vom Boden. Er geht also hinter dem Pferd und lenkt es wie ein Kutscher vom Bock aus.

ANREITEN Erst jetzt wird das Pferd mit dem Reitergewicht konfrontiert. Der Ausbilder steigt von einem Strohballen oder einer anderen Aufstiegshilfe aus vorsichtig auf, das Pferd wird zunächst von einem Helfer geführt. Nach und nach gewöhnt man das Jungtier nun daran, zunächst schon bekannte Hilfen »von oben« entgegenzunehmen. Was Zügelhilfen und treibende Hilfen mit der Gerte angeht, verändert sich ja nicht viel. Solange das Pferd sich unter dem Reitergewicht nicht ausbalanciert hat, wird es noch nicht mit neuen Hilfen konfrontiert. Sehr schnell kommt dann aber die Gewichtshilfe hinzu, denn sie ist für das Pferd extrem leicht verständlich. Später unterstützt man Zügel- und Gertenhilfe dann mittels Kreuz- und Schenkelhilfen, reitet das Pferd gezielt vorwärts und legt nun auch Wert auf die richtige, gesunde Traghaltung. Erst wenn sich die Rückenmuskulatur gekräftigt hat, wird es langsam in Aufrichtung gebracht.

Die Arbeit über Stangen schult das Körperbewußtsein

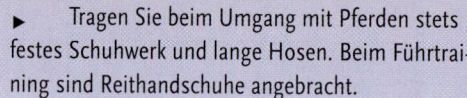

Sicherheit im Umgang mit Pferden – Grundregeln

▶ Tragen Sie beim Umgang mit Pferden stets festes Schuhwerk und lange Hosen. Beim Führtraining sind Reithandschuhe angebracht.

▶ Achten Sie auf einen ruhigen und sicheren Arbeitsplatz, egal ob Sie das Pferd vom Boden aus oder unter dem Sattel arbeiten. Spielende Kinder auf dem Reitplatz oder fröhlich herumtobende Hunde sind besonders bei der Arbeit mit jungen Pferden gefährlich.

▶ Bei vielen Arbeiten mit Pferden brauchen Sie einen Helfer. Überlegen Sie sich vorher, wann das sein wird, und bitten Sie einen ruhigen, kompetenten Pferdemenschen dazu.

▶ Wickeln Sie sich Longen, Führleinen, Zügel usw. nie um die Hand!

▶ Halten Sie grundsätzlich einen gewissen Sicherheitsabstand zu anderen Pferden ein. Damit vermeiden Sie erstens Schlägereien, und zweitens verhindern Sie, daß Ihr Pferd abgelenkt wird.

▶ Lassen Sie keine möglicherweise gefährlichen oder scheuträchtigen Gegenstände im Trainingsbereich herumstehen.

▶ Sprechen Sie viel mit Ihrem Pferd und bemühen Sie sich um einen grundsätzlich freundlichen Umgangston. Nur dann wirkt es, wenn Sie gelegentlich zum Schimpfen die Stimme heben.

▶ Nehmen Sie sich Zeit für die Arbeit mit Pferden! Besonders Erziehungsarbeit, bei der sich das Tier möglicherweise widersetzt, darf nie unter Zeitdruck geschehen.

▶ Verzichten Sie bei der Arbeit vom Boden, beim Longieren oder Führtraining nie auf die Gerte! Falls das Pferd sich vor der Gerte fürchtet, muß es erst mit dem Stöckchen vertraut gemacht werden, bevor Sie mit ihm arbeiten können. Ohne eine Gerte oder Peitsche als Verlängerung Ihrer Hand leben Sie und Ihr Pferd gefährlich! Sie haben dann nämlich keine Möglichkeit, ein aufmüpfiges Pferd im Zweifelsfall auf Abstand zu halten oder ein ängstliches Pferd, das panisch rückwärts geht oder steigt, vorwärts zu treiben. Es kann fallen und sich ernsthaft verletzen.

▶ Lob soll grundsätzlich häufiger erfolgen als Strafe. Wenn Sie aber strafen müssen, so tun Sie es schnell, energisch und direkt auf das Fehlverhalten des Pferdes folgend. Nur dann kann es die Zusammenhänge zwischen seinem Tun und dem Gertenklaps erkennen.

▶ Trainingsbedingungen

DER REITPLATZ Der übliche Reitplatz hat die Maße 20 mal 40 Meter und weist einen griffigen Bodenbelag auf, meist Sand oder ein Sägespäne-Sandgemisch. Idealerweise ist er drainiert, damit man auch bei Nässe darauf arbeiten kann. Einen Reitplatz braucht jeder, der sein Pferd zumindest gelegentlich dressurmäßig arbeitet. Zwischendurch lassen sich Dressurlektionen allerdings auch mal in den Ausritt einbauen. Für anspruchsvollere Lektionen empfiehlt sich die Fahrt zum nächsten Reitplatz.

DIE REITHALLE Den Reitplatz unter Dach braucht jeder, der auch im

Das Wichtigste ist ein zufriedenes Pferd!

Winter regelmäßig reiten will und gezwungen ist, das in den Abendstunden zu tun. Man muß sein Pferd aber nicht unbedingt im konventionellen Reitstall unterbringen, um die Halle mitbenutzen zu können. Die meisten Vereine ermöglichen Hallennutzung gegen ein kleines Entgelt, einige verlangen Vereinsmitgliedschaft. Vielleicht findet sich also ein Offenstall in Hallennähe. Wenn es gar nicht anders geht, stellen Sie Ihr Pferd eben im Winter in den Reitstall, möglichst in eine Außenbox. Im Sommer verdient es dann einen langen Urlaub auf der Weide!

DER SPRINGPLATZ Viele Springplätze von Reitervereinen werden nur zu Turnieren genutzt. Sie sind in der Regel nicht drainiert und insofern nur selten einladend, im Winter oft gesperrt. Zu gelegentlichem Springtraining können Sie sich also ebensogut ein paar Hindernisse auf den Reitplatz stellen.

DER LONGIERPLATZ (ROUNDPEN) Ein eingezäunter, drainierter Longierplatz ist für die Jungpferdeausbildung eine feine Sache. Der eingezäunte Zirkel erleichtert die Konzentration. Zwingend notwendig ist er jedoch nicht. Zudem sollte man Longieren ohnehin nicht übertreiben. Sie können die Longenarbeit mit Ihrem Jungpferd und erst recht das Longieren Ihres erwachsenen Pferdes also getrost auf die Sommermonate beschränken und sich mit Hilfe von ein paar Elektrozaunstäben und etwas Flatterband einen Longierzirkel auf die Wiese stellen.

► Spaß und Sport mit Pferden

Immer nur allein auf dem Reitplatz Dressur trainieren oder durch den heimischen Wald reiten, das wird auf die Dauer langweilig. Fast jeder Reiter träumt deshalb irgendwann von gemeinsamen Unternehmungen mit dem Pferd. Schade, daß es oft nicht mehr Angebote als Dressur, Springen, vielleicht mal einen Geländeritt gibt. Nicht wettbewerbsorientiert scheint in vielen Regionen höchstens die herbstliche Reitjagd, aber auch da möchte man möglichst vorn dabei sein, und das Pferd muß sämtliche Hindernisse springen. Das alles kann durchaus Spaß machen, darf aber auf keinen Fall in Zwang ausarten.

Nur weil Ihr Pferd im Dressurviereck gut mitarbeitet, müssen Sie den Sonntag nicht auf dem Turnierplatz verbringen. Vielleicht macht es Ihnen ja mehr Spaß, es mal mit einem Trail-Parcours auf dem nächsten Freizeitreiter- oder »Plausch«-Turnier zu versuchen. Dabei geht es um Scheufreiheit und die Frage, ob sich Lektionen wie Rückwärts- oder Seitwärtsgehen auch in Engpässen oder über Stangen abrufen lassen. Oder Sie melden Ihr Pferd zu einem kurzen Distanzritt. Das sind wettkampfmäßige Streckenritte, bei denen es darum geht, Strecken zwischen 20 und 160 Kilometer entweder in vorher genau festgelegtem Tempo oder so schnell wie möglich zu überwinden. Die Gesundheit der Pferde wird dabei tierärztlich überwacht, und bei kurzen Ritten gewinnt das Pferd, das die Strecke mit den geringsten Anzeichen von Anstrengung meistert. Fast immer führen Distanzritte durch sehr reizvolles Gelände. Sie können den Ritt also auch ganz ohne Siegorientierung genießen und bekommen am Ende sogar noch eine Schleife. Grundlage des gesamten Geschehens ist hier nämlich das Motto »Angekommen heißt gewonnen«. Wer mit einem gesunden Pferd im Ziel landet, kann auf jeden Fall stolz auf sich sein.

Vielleicht gehören Sie aber auch zu den Reitern, die Feste und Ausritte mit Freunden jedem Wettbewerb vorziehen. Dann müssen Sie vor allem eine Reitergruppe finden, die zu Ihnen paßt. Ver-

Auch der Geschicklichkeitsparcours hat seine Tücken

Wer ein gutes Pferd hat, will es auch gern einmal zeigen

folgen Sie das »alternative« Geschehen in der Pferdeszene Ihrer Region in Fachzeitschriften und melden Sie sich einfach mal zu einem organisierten Wander- oder Tagesritt an. Manchmal werden solche Veranstaltungen auch von Freunden einer bestimmten Pferderasse durchgeführt.

Angebote für alle Reiter mit Pferden beliebiger Rassen machen Freizeitreiterorganisationen wie die ETCD (Erster Deutscher Trekking Club) und der VFD (Verband der Freizeitreiter Deutschlands). Bedingung ist hier nur, daß sich Ihr Pferd problemlos und vor allem gefahrlos in einer Gruppe mit fremden Pferden reiten läßt.

Wer eine Spezialrasse besitzt oder einer besonderen Reitweise anhängt, kann hier natürlich auch an Turnieren teilnehmen. Westernreiter und Islandpferdereiter sind oft auch wettbewerbsorientiert wie die konventionellen Vereine und bieten Interessenten eine Vielfalt von Möglichkeiten, sich mehr oder weniger ernsthaft mit anderen zu messen. Vorher sind natürlich ein paar Reitkurse fällig – auch dies eine Möglichkeit, den eigenen Reitplatz mal hinter sich zu lassen und neue Menschen, Pferde und Methoden, mit ihnen umzugehen, kennenzulernen.

Vorübung zum Verladen

▶ Pferde transportieren

Reitkurse, Turniere, Pferdefeste – all das geht nur, wenn Sie und Ihr Pferd mobil sind. Sie brauchen also einen Pferdetransporter, und Ihr Pferd sollte dort einsteigen, ohne lange zu überlegen. Das ist leider nicht die Regel. Viele Vierbeiner brauchen Stunden, bis man sie mit List und Tücke dazu gebracht hat, die Hängerklappe zu erklimmen.

Über die Gründe dafür kann man viele Theorien entwickeln. Zum einen ist das Pferd einfach kein Höhlentier. Es macht ihm Angst, einen geschlossenen, engen Raum zu betreten. In fahren-

---

▶ Vorübungen zum Verladen

Viele Dinge, die beim Verladen gefordert werden, lassen sich im Vorfeld trainieren. Zum Beispiel:

Betreten einer Holzrampe bzw. eines Plastikbelags. Üben Sie mit Ihrem Pferd, sich angstfrei über Bodenhindernisse wie Holzbrücke und Plastikplane führen zu lassen.

Unter ein Plastikdach treten und sich dabei vielleicht sogar ducken. Üben Sie das Durchschreiten eines von zwei Helfern mit einer Plastikplane gebildeten »Tores«.

Vom Hellen in eine dunkle »Höhle« gehen. Nutzen Sie jede Gelegenheit, das zu üben, zum Beispiel, indem Sie das Pferd aus grellem Sonnenschein heraus in einen dunklen Stall führen. Machen Sie es mit Unterführungen, Scheinwerfern, Taschenlampen bekannt.

Schwankenden Untergrund ausgleichen. Die ideale Vorübung dazu ist die Arbeit am Bodenhindernis Wippe.
Und noch etwas: **Erleichtern Sie Ihrem Pferd den Transport durch rücksichtsvolle Fahrtechnik!** Bremsen Sie stets betont langsam, beschleunigen Sie nicht ruckartig und nicht bevor auch der Hänger aus der letzten Kurve heraus ist! Haben Sie die Wahl zwischen einem längeren, gut ausgebauten Weg und einer kurzen Kurvenstrecke, so nehmen Sie im Interesse des Pferdes den ersteren.

den Pferdehängern ist es zudem nicht gerade gemütlich. Das Pferd muß die Fahrtbewegungen ausgleichen und sich mit ungewohntem Lärm abfinden. Auch der Ortswechsel mag manche Pferde abschrecken. Der Vierbeiner möchte einfach nicht zum Turnier, zur Schau oder zum Distanzritt, und den Stall wechseln will er schon gar nicht. Also verharrt er vor dem Hänger wie ein Standbild – oder er wehrt sich mit aller Kraft, was leicht gefährlich werden kann.

Aus Sicht des Pferdes nicht ganz unverständlich. Aber was tut man in einem solchen Fall als Pferdebesitzer?

Zunächst einmal: Verbannen Sie das Wort »irgendwie« aus Ihrem Wortschatz. Viele Reiter verlassen sich darauf, ihr Pferd jedes Wochenende »irgendwie« aufs Turnier zu bekommen. Wenn sie lange genug am Strick ziehen, die Gerte einsetzen und Druck machen, gibt das Pferd in der Regel irgendwann nach und springt auf den Hänger. Jedenfalls dann, wenn es nicht wirklich panische Angst vor der Fahrt hat. Bei dieser Prozedur verliert es aber unnötig Energie, für die Nerven des Reiters ist sie auch nicht gerade erholsam, und vor allem ist die Sache gefährlich. Schreiben Sie »Hängertraining« also ganz dick auf Ihren geistigen Terminplan. In den nächsten Wochen gibt es für Sie und Ihr Pferd einiges zu tun. Aber zunächst müssen Sie Ihren frisch erstandenen Sportpartner nach Hause bringen. Starten Sie also das »Notfallprogramm«!

Manche Pferde machen schon Schwierigkeiten, wenn sie sich dem Hänger nur nähern sollen

Dazu zunächst ein Tip: Wenn Sie ein fremdes Pferd irgendwo abholen müssen, legen Sie grundsätzlich eine »Notfallausrüstung« in Ihr Auto. Sie besteht aus zwei, besser drei etwa sieben Meter langen Stricken oder Longen mit Karabinerhaken, einer Führkette, falls Sie damit umgehen können, einer gut gefüllten Futterschüssel und mindestens einer langen Dressurgerte.

Suchen Sie sich jetzt mindestens zwei möglichst pferdekundige Helfer und befestigen zwei Ihrer Stricke links und rechts vom Hänger. Sie sol-

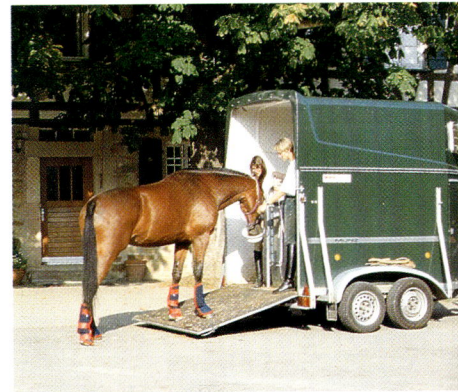

Wenn die Vorderhufe auf der Rampe stehen, ist es meist schon geschafft

len, von den Helfern gehalten, eine Gasse bilden. Schärfen Sie den Helfern ein, die Stricke sofort loszulassen, falls das Pferd darüberspringen will und sich mit den Vorderbeinen darin verfängt. Sie dienen in erster Linie als Leitseile, weniger als Zwangsmittel. Ein weiterer Helfer erhält die Gerte und die Anweisung, das Pferd auf der Kruppe zu touchieren, aber keinesfalls zu schlagen.

Nehmen Sie nun die Futterschüssel in die Hand, und führen Sie das Pferd an der Führkette oder am Führstrick durch die Gasse aus Seilen. Mit viel Glück folgt es Ihnen – und der Futterschüssel! – gleich auf den Hänger. Das passiert häufiger, als Sie glauben. Die Entschlossenheit eines fremden und betont selbst-

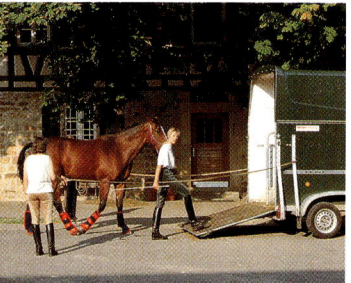

Die Seilgasse erleichtert den Weg auf den Hänger

Leichter Druck auf die Unterschenkel unterstützt die Vorwärtsbewegung

Viele Pferde setzen die Hinterhufe ungern auf die Rampe

sicher auftretenden Führers bewirkt manchmal mehr als ein Arsenal von Zwangsmitteln. Ebensogut kann es jedoch vorkommen, daß Ihr Pferd sich dem Hänger gar nicht erst nähern will und schon vor der Rampe seitwärts geht und versucht wegzulaufen. Trösten Sie es dann mit der Futterschüssel. Jeder Schritt in Richtung Hänger verdient eine Belohnung. Bleibt das Pferd stocksteif stehen, so warten Sie zunächst etwas und bringen es dann wieder in Bewegung, indem Sie es zum Beispiel ein Stück seitwärts schieben. Man nennt dieses »Erstarren zur Salzsäule« den »Freeze-Reflex«. Er hemmt den Informationsfluß zwischen Körper und Gehirn, und das Pferd kann erst dann wieder bewußt mitarbeiten, wenn er aufgehoben ist.

Sobald das Pferd voll in der Seilgasse steht, können die Helfer die Seile hinter ihm kreuzen. Pferde reagieren stark auf den Druck der Seile auf den Unterschenkel etwas unterhalb des

Schweifansatzes. Sehr viele lassen sich dadurch auf den Hänger schieben.

Steht das Pferd nun direkt vor der Rampe, wagt es sich aber offensichtlich nicht, sie zu betreten, kann es nutzen, ihm einen Huf zu heben und ihn auf die Rampe zu setzen. Läßt es ihn da, wird es sofort belohnt. Das Aufsetzen der Hinterhufe ist die nächste Klippe, aber hier hat sich menschliche Hilfestellung nicht bewährt. Das Pferd muß sich schon allein dazu entscheiden, sein Hinterteil nachzuholen. Wahrscheinlich tut es das ziemlich abrupt. Sehr viele Pferde brauchen eine halbe Stunde und länger, bis ihre Vorderhufe endlich auf der Rampe stehen, sind dann aber

Jetzt können Sie die Klappe ohne Hast schließen

»Na, war doch gar nicht so schlimm, oder?«

in Bruchteilen von Sekunden im Abteil! Bereiten Sie sich darauf vor, wenn Sie das Pferd führen. Es könnte Sie sonst umrennen!

Wenn das Pferd nun im Abteil ist, müssen Ihre Helfer es daran hindern, sofort wieder herauszuspringen. Das heißt, die Leinen bleiben hinter dem Pferd gekreuzt, bis die Stangen geschlossen sind.

Bei all dem sollte das Pferd möglichst gelassen bleiben. Lange Stops zwischen den einzelnen Schritten in Richtung Hänger und auf den Hänger sind normal. Das Pferd braucht einfach »Bedenkzeit« und muß Vertrauen entwickeln. Wird es für jedes Zögern gestraft, so vergrößert sich nur sein Mißtrauen. Lassen Sie also das Pferd das Tempo bestimmen. Strafen haben beim Verladetraining ohnehin nichts zu suchen. Grundregel ist: Richtiges Verhalten wird überschwenglich gelobt und belohnt, Fehlverhalten wie Wegspringen oder Rückwärtsgehen beachtet man nicht.

Falls Ihr Pferd beim Verladeversuch mit dem Kopf schlägt oder zu steigen versucht, so daß Sie es auch mit der Führkette nicht halten können, kommt der dritte Strick aus Ihrer Notfallausrüstung zum Einsatz. Klinken Sie die Longe in sein Halfter – auf keinen Fall in die Kette! –, ziehen Sie vorn im Hänger durch den Anbindering und geben Sie mit dieser Konstruktion von der Seite her die Impulse, vorwärts zu gehen. Ihr Pferd muß verstehen, daß der Weg in den Hänger führt und sonst nirgendwohin!

Erfrischung
beim Ausritt

▶ **Partner Pferd**

Reiten – meist nennen wir es einfach eine Sportart, aber für Menschen, die Pferde lieben, bedeutet es unendlich viel mehr. Sicher, ein Galopp kann Ihnen Flügel verleihen, ein guter Walk wird Sie sanft wiegen, ein schneller Trab schenkt Ihnen den Rausch des Rennens. Aber ein Pferd ist auch ein Freund, eine Schulter zum Anlehnen, wenn alles mal wieder danebengeht. Ein Pferd sorgt für gute Laune, indem es Ihnen morgens entgegenwiehert, und nichts wirkt so gut gegen Streß wie ein Abend im Stall, wenn alle Arbeiten getan sind und die Pferde zufrieden ihr Heu kauen.

Junge Pferde sind wundervoll, wenn sie einem vertrauensvoll ihre großen Kinderaugen zuwenden – nachdem sie gerade mal wieder einen Zaun zerlegt haben, versteht sich! Aber es ist auch schön, ein Pferd alt werden zu sehen und auf viele gemeinsame Erlebnisse zurückzublicken.

Mit diesem Buch wollte ich Ihnen deshalb etwas mehr mitgeben als einen Einblick in den »Pferdesport« oder »Reitsport«, in dem der Wert eines Pferdes in »Materialprüfungen« ermittelt wird. Jedes Pferd ist eine Persönlichkeit und möchte als solche geachtet werden. Mein Wunsch war, Ihnen Mut zu machen, Pferde an Ihrem Leben teilhaben zu lassen, sie zu verstehen und ihnen näherzukommen. Sollte mir das gelungen sein, werden Sie jetzt sicher darauf brennen, all das Gelesene in die Praxis umzusetzen.

Ich wünsche Ihnen und Ihrem Pferd viel Spaß dabei.

Entspannt und fröhlich
mit Pferden umgehen

Serviceteil

NÜTZLICHE ADRESSEN

Deutsche Reiterliche Vereinigung e.V. (FN)
Freiherr-von-Langen-Str. 13
48321 Warendorf
Tel. 02581/63620
Fax 02582/62144

FS Test Zentrum Reken
Frankenstr. 37
48734 Reken
Tel. 02864/24 34
Fax 02864/58 60

KOSMOS Kompetenz
Seminare für Reiter und Pferdehalter
Postfach 10 60 11
70049 Stuttgart
Tel. 0711/21 91 270
Fax 0711/21 91 350

TTEAM Deutschland
Bibi Degn
Hassel 4
57589 Pracht
Tel. 02682/88 86
Fax 02682/66 83

TTEAM Österreich
Ruth & Martin Lasser
Anningerstr. 18
A – 2353 Guntramsdorf
Tel. 02236/47 00 0
Fax 02236/47 070

TTEAM Schweiz
Doris Süess-Schröttle
Mascot Ausbildungszentrum AG
CH – 8566 Neuwilen
Tel. 071/69 91 825
Fax 071/69 91 827

ZUM WEITERLESEN

BENDER, INGOLF: Praxishandbuch Pferdehaltung; Haltungsanlagen optimal geplant, Stuttgart 1999

GOHL, CHRISTIANE: Im Namen der Pferde; Das kämpferische Leben der Ada Cole, Stuttgart 1997

GOHL, CHRISTIANE: Freizeitpferde selber schulen; Jungpferde erziehen, ausbilden, anreiten, Stuttgart 1997

GOHL, CHRISTIANE: Was der Stallmeister noch wußte, Stuttgart 1998

GOHL, CHRISTIANE: Trainingsplan Pferde erziehen, Stuttgart 1998

MEYERDIRKS-WÜTHRICH, UTE: Bach-Blütentherapie für Pferde; Körper und Seele heilen, Stuttgart 1998

PENQUITT, CLAUS: Die Freizeitreiterakademie; Reiten nach altklassischen, altkalifornischen und iberischen Vorbildern, Stuttgart 1993

PENQUITT, NATHALIE: Nathalie Penquitts Pferdeschule; Zauber der Verständigung, Stuttgart 1996

RAKOW, MICHAEL: Die homöopathische Stallapotheke, Stuttgart 1999

RASHID, MARK: Der auf die Pferde hört; Erfahrungen eines Horseman aus Colorado, Stuttgart 1999

SELF, HILARY PAGE: Die besten Heilkräuter für Pferde; Kräuter von A–Z; Gesundheit und Fitness fördern, Stuttgart 1997

STUPPERICH, ALEXANDRA: Handbuch Pferdeweide; Pflege, Nutzung, Weide-Management, Stuttgart 1997

SCHULZE, SIGRID: Pferdehaltung rund ums Jahr; Der Arbeitskalender für Auslauf, Stall und Weide, Stuttgart 1997

SCHUMACHER, JOCHEN / KRÄMER, MONIKA: Reiten lernen mit allen Sinnen; Reken – Reiten, Pferdehaltung, Horsemanship, Stuttgart 1999

TELLINGTON-JONES, LINDA: Die Tellington-Jones Reitschule; Mehr Spaß und Erfolg mit TTEAM und TTouch, Stuttgart 1996

TELLINGTON-JONES, LINDA: Die Persönlichkeit Ihres Pferdes; Die Kunst Charakter und Temperament Ihres Pferdes zu bestimmen und positiv zu beeinflussen, Stuttgart 1995

TELLINGTON-JONES, LINDA: Trainingsplan TTEAM-Bodenarbeit, Stuttgart 1998

TELLINGTON-JONES, LINDA: Trainingsplan TTouch 1, Stuttgart 1998

TELLINGTON-JONES, LINDA: Liebe Linda; Pferdefreunde fragen Linda Tellington-Jones, Stuttgart 1997

WITTEK, CORNELIA: Von Apfelessig bis Teebaumöl; Hausmittel und Naturheilkräfte für Pferde, Stuttgart 1999

ZEEB, KLAUS: Die Natur des Pferdes; Beobachtungen eines Verhaltensforschers, Stuttgart 1998

BILDNACHWEIS

Mit 163 Farbfotos von: Jean Christen, Mannheim (S. 91 u.), Panja Czerski, Langwedel-Völkersen (S. 88, 89 li., m., re., 100 li., m., re., 101 o.li., o.re., u., 102 o., m., u.), Felix von Döring, Hamburg (S. 34 u., 35 o., m., u., 36 li., m., re., 37, 106), Hans D. Dossenbach, CH-Siblingen (S. 13, 55, 57, 60, 73 u., 92), Monika Dossenbach, CH-Siblingen (S. 24/25, 61, 117), Erwin Escher, Monheim (S. 58), Christiane Gohl, Detmold (S. 109), Klaus-Jürgen Guni/Horst Streitferdt, Böblingen (S. 2 u.), Gabriele Hampel, Kelkheim (S.16 o., m., u., 17), Irene Hohe, Lohndorf (S. 56, 59), Krämer Pferdesport, Hockenheim (S. 72 m., u., 73 o., 81, 86 o. und u., 87 o.li., o.re., u., 91 o., 104 o. und u.), Hans Kuczka, Wetter (S. 2 m., 4/5, 5, 28, 52 o., 54, 85, äußere Umschlagklappe oben), Lothar Lenz, Cochem (S. 6/7, 9, 10 li.o. und li.u., 14, 30, 31, 41 o., 43, 46, 53, 90, 94 li., 108/109, 116), Julia Rau, Mainz (S. 50), Ralf Roppelt, Stuttgart (S. 39, 63, 82, 105), Christof Salata, Stuttgart (S. 3 o. und u., 12, 18 re., 32 o. und li., 34 o., 42, 52 u., 62/63, 65 li., m., re., 66 o., m., u., 67, 68 o., li.u., 69 o., u., 70, 71, 74 o., u., 75 re., 76, 77 o., m., u., 78, 79 li., m., re., 84, 112, 118, 119 o. und u., 120 li., m., re., 121 li. und re.,), Dagmar Schmidt, St. Michaelisdonn (S. 107 o. und u.), Daisuke Schneider, Reutlingen (S. 38/39), Edgar Schöpal, Düsseldorf (S. 75 li., 113), Christiane Slawik, Würzburg (S. 10/11, 15, 18 li., 19, 20/21, 22, 23, 25, 26, 40, 41 u., 44, 64, 72 o., 80/81, 93, 94 re., 95, 96, 97, 99 o., 103, 111, 115, 122, 122/123), Sabine Stuewer, Darmstadt (S. 1, 29, 49), Carola Toischel, Wiesbaden (S. 99 u.), Jaroslav Vogeltanz, Plzen (S. 20).

Die Grafiken im Innenteil erstellte Cornelia Koller, Schierhorn, die Zeichnungen auf der inneren Umschlagklappe und auf S. 33 sind von Marianne Golte-Bechtle, Stuttgart.

IMPRESSUM

Umschlaggestaltung von Friedhelm Steinen-Broo, eSTUDIO CALAMAR; Titelfotos von Klaus-Jürgen Guni/Horst Streitferdt, Böblingen (großes Motiv), Elisabeth Weiland, CH-Zollikon (kleines Motiv). Foto auf dem Buchrücken von Bernd Schellhammer, Großstadelhofen.

Die Deutsche Bibliothek – CIP Einheitsaufnahme

Pferdekunde : Basiswissen rund ums Pferd ; [mit Tips vom alten Stallmeister] / Christiane Gohl. – Stuttgart : Kosmos, 1999
   (Kosmos Reiterwissen)
   ISBN 3-440-07811-6

© 1999, Franckh-Kosmos Verlags-GmbH & Co., Stuttgart
Alle Rechte vorbehalten
ISBN 3-440-07811-6
Redaktion: Katja Metzler
Grundlayout: Friedhelm Steinen-Broo, eSTUDIO CALAMAR
Gestaltung: Gisela Dürr, München
Herstellung: Kirsten Raue
Satz: Atelier Krohmer, Dettingen/Erms
Printed in Germany / Imprimé en Allemagne
Druck und Buchbinder: Westermann Druck Zwickau GmbH, Zwickau

Kosmos Verlag
Mitglied in der

DVSP e.V.

Deutsche Vereinigung zum
Schutz des Pferdes e.V.
Wienkamp 11 rechts
46354 Südlohn

REGISTER